城市停车设施规划

张 泉
黄富民 曹国华 李 铭 王树盛 著

中国建筑工业出版社

图书在版编目（CIP）数据

城市停车设施规划/张泉等著. —北京：中国建筑工业出版社，2009
ISBN 978-7-112-10909-8

Ⅰ. 城… Ⅱ. 张… Ⅲ. 城市-停车场-规划-研究 Ⅳ. TU248.3

中国版本图书馆 CIP 数据核字（2009）第 055293 号

责任编辑：陆新之
责任设计：董建平
责任校对：王雪竹　王金珠

城市停车设施规划

张　泉
黄富民　曹国华　李　铭　王树盛　著

*

中国建筑工业出版社出版、发行（北京西郊百万庄）
各地新华书店、建筑书店经销
北京嘉泰利德公司制版
北京中科印刷有限公司

*

开本：850×1168 毫米　1/16　印张：9¼　字数：230 千字
2009 年 7 月第一版　2010 年 1 月第二次印刷
定价：**48.00 元**
ISBN 978-7-112-10909-8
(18153)

版权所有　翻印必究
如有印装质量问题，可寄本社退换
（邮政编码 100037）

前　言

　　现代城市越来越依赖于各种车辆支持着人们的生产与生活，提升着城市的运行效率。车水马龙，川流不息，各种车辆把不同出行目的的人们送往各自的目的地。众多车辆的目的地在哪里？归根到底，所有车辆都有一个相同的目的地——停车设施！停车设施在城市经济社会发展、土地利用和综合交通规划中具有非常重要、不可替代的地位和作用。

　　停车设施是车辆出行的起点和终点，是支撑现代城市交通必不可少的载体。停车设施对车辆交通组织具有枢纽作用，对道路交通管理具有开关作用，对城市土地利用具有导向作用。科学合理地进行城市停车设施规划，发挥停车设施的调控作用，对引导城市用地合理布局，调节道路交通组织，协调经济社会发展具有十分重要的现实意义。

　　随着经济社会的快速发展，城市机动车拥有量急剧增加，停车设施需求也随之迅猛增长，"停车难"已经成为我国许多城市普遍面临的问题。在交通节能减排的背景条件下，如何紧密围绕贯彻落实科学发展观，构建"两型社会"，这些都是我国城市停车设施规划必须面对的现实要求。

　　"城市的发展形态在很大程度上受城市主要发展阶段交通工具的影响"。我国城市正处于城市化和机动化快速联动发展时期，如何正确对待停车设施的规划，不仅与城市交通发展紧密关联，也与城市规划和建设密切相关。

　　本书提出了城市停车设施"调控型"的规划理念和方法。鉴于作者积累的资料限制，加之水平有限，书中不足与错误之处在所难免，恳请读者批评指正。

目 录

第一章 城市停车设施的作用及发展概况 1
第一节 停车设施的作用 1
一、停车设施的基本属性 1
二、停车设施的类型划分 3
三、停车设施的调控作用 4
第二节 停车设施发展的基本概况 6
一、发达国家城市 6
二、国内城市 10

第二章 城市停车设施规划理念与方法 15
第一节 城市停车设施规划的基本理念 15
一、供需统筹，以供定需 15
二、区域差别化 16
第二节 城市停车设施规划的基本原则 17
一、促进土地合理利用的原则 18
二、贯彻落实公交优先发展的原则 18
三、引导停车设施市场化建设的原则 18
四、相关规划相互反馈的原则 18
第三节 城市停车设施规划的总体策略 18
一、分区供应策略 18
二、分类供应策略 19
三、分时供应策略 20
四、分价供应策略 21
第四节 城市停车设施规划的调控途径 22
一、停车发展政策的调控 22
二、停车设施布局的调控 23
三、停车收费措施的调控 23
第五节 城市停车设施规划的技术路线 24
一、停车问题和症结 24
二、停车分区与策略 24
三、停车设施需求预测 25

四、停车设施供应分布 ··· 25
　　五、公共停车设施布局 ··· 25
　　六、建筑物配建停车位标准 ··· 26
　　七、规划实施的政策措施 ·· 26

第三章　城市停车问题与症结 ·· 27
　第一节　城市停车问题分析 ··· 27
　　一、不同经济发展水平的停车问题 ··································· 27
　　二、不同城市功能区的停车问题 ······································ 32
　　三、不同交通方式的停车问题 ··· 41
　　四、不同城市规模的停车问题 ··· 42
　第二节　城市停车问题的症结 ·· 44
　　一、缺乏统筹观念 ·· 44
　　二、缺乏资源整合 ·· 45
　　三、缺乏科学定价 ·· 46

第四章　城市停车行为与特性 ·· 47
　第一节　城市停车行为影响因素 ··· 47
　　一、经济因素与停车行为 ·· 47
　　二、使用习惯与停车行为 ·· 49
　　三、环境因素与停车行为 ·· 49
　　四、车辆特点与停车行为 ·· 50
　第二节　城市停车特性分析 ··· 50
　　一、停车目的结构 ·· 50
　　二、平均停车时间 ·· 51
　　三、停车步行距离 ·· 52
　　四、高峰停放指数 ·· 53
　　五、泊位利用率 ·· 53
　　六、泊位周转率 ·· 54

第五章　城市停车分区与策略 ·· 55
　第一节　城市停车分区的影响因素 ······································ 55
　　一、人口分布对停车分区的影响 ······································ 55
　　二、就业岗位分布对停车分区的影响 ································ 56

三、土地利用对停车分区的影响 ·· 56
　　四、交通政策对停车分区的影响 ·· 56
　　五、公共交通发展战略对停车分区的影响 ···································· 58
　　六、道路系统供应水平对城市停车分区的影响 ······························ 59
　第二节　城市停车分区划分 ·· 60
　　一、划分目的 ··· 60
　　二、划分原则 ··· 60
　　三、划分方法 ··· 60
　　四、不同划分方法的适用性 ·· 69
　第三节　城市停车分区的调控措施 ·· 70
　　一、停车供需关系的分区调控 ·· 70
　　二、停车供应结构的分区调控 ·· 71
　　三、停车设施管理的分区调控 ·· 72
　　四、停车设施经营的分区调控 ·· 72

第六章　城市停车设施需求预测 ·· 74
　第一节　城市停车设施需求总量预测 ··· 74
　　一、停车需求总量预测的影响因素 ·· 74
　　二、停车需求总量的预测方法 ·· 75
　第二节　城市停车设施需求分类预测 ··· 77
　　一、自备车位的需求预测 ··· 77
　　二、公共车位的需求预测 ··· 77
　第三节　城市停车设施需求分布预测 ··· 79
　　一、停车需求分布预测的影响因素 ·· 80
　　二、停车需求分布的预测方法 ·· 81

第七章　城市停车设施供应分布 ·· 86
　第一节　城市停车设施供应的思路和对策 ·· 86
　　一、停车设施供应的思路 ··· 86
　　二、停车设施供应的对策 ··· 86
　第二节　城市停车设施供应分布预测和结构引导 ······························· 92
　　一、停车设施供应的影响 ··· 92
　　二、停车设施供应分布预测 ··· 93
　　三、停车设施供应结构引导 ··· 94

第八章　城市公共停车设施布局规划 ·········· 96
第一节　城市路外公共停车设施布局规划 ·········· 96
一、布局原则与要求 ·········· 96
二、设施优化选址方法与模型 ·········· 97
第二节　城市路内公共停车设施布局规划 ·········· 110
一、设置原则 ·········· 110
二、路内停车布局规划流程 ·········· 110
三、泊位选址 ·········· 111
第三节　城市公共停车设施布局规划评价 ·········· 112
一、公共停车设施布局规划评价指标 ·········· 113
二、公共停车设施布局规划综合评价方法 ·········· 115
第四节　城市公共停车设施规划管理要求 ·········· 116
一、路外公共停车设施规划管理 ·········· 116
二、路内公共停车设施规划管理 ·········· 118

第九章　建筑物配建停车位标准研究 ·········· 119
第一节　建筑物配建停车位标准研究综述 ·········· 119
一、国内外建筑物配建停车位标准的研究概况 ·········· 119
二、我国建筑物配建停车位指标体系存在的问题 ·········· 121
三、"调控型"建筑物配建停车位标准研究 ·········· 122
第二节　建筑物分类与停车供需关系分析 ·········· 122
一、建筑物分类 ·········· 122
二、各类建筑物停车配建策略分析 ·········· 125
第三节　调控型建筑物配建停车位标准的制定方法 ·········· 126
第四节　建筑物配建停车位标准的规划管理要求 ·········· 130
一、建筑物配建停车位规划管理的引导准则 ·········· 130
二、建筑物配建停车位规划管理的基本要求 ·········· 131

第十章　城市停车设施规划实施措施 ·········· 133
第一节　城市停车设施的规划管理 ·········· 133
一、规划编制管理 ·········· 133
二、项目实施管理 ·········· 134
第二节　城市停车设施的建设政策 ·········· 134
一、土地政策 ·········· 134
二、投融资政策 ·········· 135

三、经营政策 ·· 136
　　四、鼓励措施 ·· 136
　第三节　城市停车设施的管理措施 ·· 137
　　一、法律法规 ·· 137
　　二、管理体制 ·· 138
　　三、运行管理 ·· 138
　　四、调控经营 ·· 138
　　五、科技支持 ·· 139

后记 ·· 140

第一章 城市停车设施的作用及发展概况

随着城市机动车拥有量快速增长，城市停车矛盾日益突出，车辆停放已经成为我国城市急需解决的一个重要问题。如果城市缺乏必要的停车设施，势必造成车辆乱停乱放，干扰城市道路交通的正常运行，既妨碍居民的正常出行，也影响城市运行的效率和城市形象；而停车设施过多也不一定能解决这些矛盾，甚至反而可能促使机动车拥有率和使用频率不合理上升，冲击道路运行秩序，或者产生停车设施利用效率低下，停车影响道路交通等其他矛盾。城市停车问题已越来越成为城市政府和社会各界关注的热点。

发达国家城市交通很早就实现了机动化，对停车问题和停车设施规划方面的研究相应较早，对停车设施的认识也从早期的"被动满足需求"转变为"交通需求管理"，并将停车设施规划作为组织和调控出行行为与停车行为的重要手段。相比而言，国内对城市停车设施作用的认识还有所不足，停车设施对土地利用、交通组织的调控作用尚未得到合理发挥。因此，全面分析停车设施的作用，是我们进行停车设施规划研究的首要问题。

第一节 停车设施的作用

停车是完成车辆出行的必要环节，是为了实现车辆出行的目的而必须采取的手段，是为了进行其他活动（如上班、购物、餐饮、娱乐等），不是为了停车而停车。人们可以不买车，但买了车就必须有地方停车；出行可以不开车，但使用车辆的出行者却无法不停车。

停车设施是车辆出行必不可少的基础设施，如同道路设施、交通枢纽、公交场站一样，是城市交通基础设施的重要组成部分。然而，许多城市在大力加快道路基础设施建设时，对停车设施规划建设却一直缺乏应有的重视，往往是旧账未了，又欠新账。这主要源自于对停车设施的作用缺乏深刻理解，对停车设施基本属性的认识还存在较大的差异。如有的认为停车设施是流通商品，将其与房地产等同看待；有的认为停车设施是建筑物的附属用房，仅满足自身的需求即可；也有人认为停车设施具有公共服务功能，因而是一项公共物品。只有全面、正确地认识停车设施的作用，才能充分、合理地发挥停车设施的作用。

一、停车设施的基本属性

1. 停车设施的资源有限性

城市停车设施是车辆出行的起点和终点，与道路设施一样，是一项典型的时空资源。城市停车设施的时空消耗，即一定时间内占有的空间资源，可以用"车位面积·小时"来度量，其中车位面积大小与停放车辆的类型、停放形式等相关，停放时间长短与停放行为有关。根据著名的"当斯定律"（Downs Law），"新建的交通设施会诱发新的交通量，而交通需求总是倾向于超过交通供给"。正如其他交通设施一样，城市停车设施作为一项典型的时空资源，停车设施供应数量不可能为满足停车设施需求的增长而无限制地增加；停车设施用地作为城市建设用地的一种类型，也应合理占据用地比例，而不能随意地扩大。

城市停车设施的超量供给可能刺激停车需求的增长，供给不足也能够相应抑制停车需求，其供需关系在一定范围内具有互控性特征。在停车设施供需关系紧张的地区，采取过大的供应量，会诱发更多车辆前来停放，同时也就增加了相关道路的交通量，使原本就较为紧张的道路运行状况更加紧张；反过来，适当控制停车泊位的供应量，人们就会考虑是否利用车辆或利用什么车辆出行更加方便，从而改善道路的交通状态。因此解决城市停车问题，不能仅限于简单地根据需求修建停车设施或者提高建筑物配建停车指标标准，而必须更新理念和方法，从系统的角度，对停车设施供应和需求关系进行必要的调控，维持停车供需的动态平衡。正是停车设施供需关系的互控性，使停车发展政策能够成为政府的重要调控手段，通过对停车设施资源的调控，来指导各类停车设施建设，引导停车设施管理和经营，并支持、组织和调节城市综合交通的发展。

城市停车设施在不同时段的供需关系是不同的。一般而言，停车需求的时间分布有高峰时段和非高峰时段。各类用地有不同的停车需求高峰时段，如居住地停车需求总是夜间最大，就业密集区停车需求高峰通常在上午，餐饮以及休闲设施的停车需求一般是晚高峰。不同出行目的的停车需求高峰时段也不相同，有些还呈现较强的规律相关性，如通勤出行的停车需求时间分布与上下班时间相关，而弹性出行的停车需求时间分布则与通勤出行明显错开，这为停车设施的错时使用提供了可能。通过调整上下班时间、公共服务的营业时间等，都可以改变停车需求在不同时段的分布状况。停车设施的供给在时间分布上具有不可储存性，停车位容量在高峰时段会出现短缺，非高峰时段又会产生过剩，而非高峰时段过剩的停车位容量无法储存起来以备于高峰时段使用。因此，需要采取一定的经济技术手段，使停车需求在时间分布上更加合理，以提高停车设施的利用率。

城市停车设施在不同区域的供需关系也不相同。停车设施需求的空间分布具有一定的规律性，表现为其供需总量和空间分布与城市的机动车拥有量及其出行空间分布的对应关系，究其根本是由土地利用特性所决定的。不同区位、功能和建设强度的土地利用形成了不同的城市活动特点，决定了不同的停车行为。如商业用地引发购物行为，工业用地引发工作行为，公共绿地等引发休闲娱乐行为。车辆在不使用过程中的停放地点取决于车辆拥有者所在地（如居住区、就业密集区）分布，而使用过程中的停放地点与车辆出行目的相关。土地利用的特性带来了停车设施需求空间分布的差异，对土地利用进行调整，将带来车辆出行的强度和空间分布的变化，从而引起停车供需关系的变化；反过来，如果某一区域的停车设施供应量发生变化，也会对相关土地的利用产生直接影响。这些特点表明，通过调控不同区域停车设施的供需关系，可以保障和优化该区域用地功能的发挥，如对城市中心区等停车困难地区，通过合理控制停车设施的供应可以引导人们选择公共交通方式，实现停车设施与土地利用之间的协调发展，保持健康有效率的城市运行秩序。

2. 停车设施的物品双重性

停车设施是城市交通中一项重要的基础设施，兼具公用物品和私用物品的双重特性。停车设施的公用物品属性指停车设施为全社会和全体公众提供服务，它所带来的经济、社会和环境的间接效益远远超过其直接经济效益。停车设施的私用物品属性表现为具体设施为特定的车辆停放服务，停车设施可按泊位分割成单个的使用单位，一个停车泊位一定时间内只能供一辆汽车停放。无论是为公共服务的停车设施，还是为特定车辆服务的停车设施，其供需状况对城市交通空间供应都有很大影响。因此，必须通过城市停车设施规划对各类停车设施统筹安排，才能实现城市交通与城市功能的协调发展。

城市停车设施由停车泊位及附属设施组成，按照使用权特点，停车泊位可分为自备车位和公共车位两种类型。自备车位是指拥车者自建自用、购买自用或租赁自用的停车位，面向特定对象提供停车服务，如住房设施一样，同时具有效用的可分割性和受益的排他性。公共车位则是指在车辆出行过程中供车辆停放的公共停车位，面向全社会提供服务，也同时具有效用的可分割性和受益的排他性。

自备车位具有私用物品属性，但如果对外开放，则兼具公用物品属性。公共车位具有公用物品属性，但如果承担周边居住区夜间停车功能，则兼具私用物品属性。停车设施也可以由自备车位与公共车位共同组成，如建筑综合体配建的停车设施，既要考虑为居住和就业人员提供停车位，也要考虑为商业、商务等活动提供停车位，即使同一个车位也可以面向不同需求进行错时使用。因此，城市停车设施兼具公共物品和私用物品的双重特性。

二、停车设施的类型划分

根据停车设施的基本属性，停车设施可分为以下三类：路外公共停车设施，路内公共停车设施，配建停车设施（表1-1）。

停车设施类型划分情况一览表[①]　　　　　　　　　　表1-1

设施类型		车位类别	基本属性	调控作用
路外公共停车设施		公共车位	具有资源的有限性、物品双重性，其供需关系具有可控性特征	可对车辆使用进行调控
路内公共停车设施		公共车位		
配建停车设施	配建公共停车设施	公共车位		
	配建专用停车设施	自备车位		可对车辆拥有进行调控

1. 路外公共停车设施

路外公共停车设施主要为从事各种活动的出行者提供公共停车服务，通常设置在公共活动中心、交通转换处等车流量较为集中的区域，如商贸中心、购物中心、文体活动中心、城市出入口、客运换乘枢纽等。

路外公共停车设施泊位利用率一般白天显著高于夜间。根据这一特性，为最大化利用公共停车设施资源，可以利用路外公共停车设施辅助解决周边自备车位不足的居住区

---

① 徐耀赐等. 浅谈都会区停车需求于建筑物附设停车空间之整合[J]. 台北都市交通，1993（8）.

和其他建筑物的夜间停放需求。

2. 路内公共停车设施

路内公共停车设施主要指在道路用地（红线）以内划定的供车辆停放的场地，一般在道路行车带以外的一侧或两侧呈带状设置，并用标志、标线施划出一定的范围。路内停车设施设置简单、使用方便、用地紧凑（一般不另设置通道）、投资少，适宜供车辆临时停放。

路内公共停车设施一般不适合长时间停车。设置路内公共停车设施不是解决停车问题的主要途径，过多的路内停车会影响城市道路交通的正常运行。自备车位不足的居住区，可以在道路交通条件允许的前提下，利用周边道路适当施划路内停车泊位，用于夜间停车。

3. 配建停车设施

配建停车设施是城市停车设施的主要组成部分，设置在相关建筑或设施内，一般应与主体建筑同步规划、设计和建设。

配建停车设施根据其使用特点又可以分为配建专用停车设施和配建公共停车设施。配建专用停车设施只为特定建筑内相关人员提供停车服务，其规模与车辆拥有数量、类型有关，其中自备车位为其主要形式。配建专用停车设施原则上应实现内部停车的供需平衡，由建筑物自己负担其拥有车辆衍生的社会成本，防止停车问题社会化。在停车设施供应严重不足的情况下，也可促进配建专用停车设施对外开放、错时使用，来缓解停车供需失衡的矛盾。配建公共停车设施是指为来建筑物的社会车辆提供服务的停车设施。配置一定数量的配建公共停车设施，可以促进建筑物功能的有效发挥。配建停车设施一般依照建筑物配建停车指标标准进行配置，同时也须分析交通需求，既保证建筑物产生的交通对城市交通影响限定在一定的范围内，又满足建筑物自身功能的需求。

三、停车设施的调控作用

停车设施的调控作用主要有以下几个方面：

1. 停车设施与土地利用存在互动关系，通过停车设施规划可调控土地利用的性质和强度

土地利用是影响城市停车设施总量、分布的根本因素。不同的土地利用产生不同的交通需求，进而带来停车设施的类型、区位和数量的变化。例如：商业用地、娱乐用地和办公用地等停车生成率较高，这些用地的停车设施的车辆停放率和周转率也较高；住宅、工厂等用地的停车设施主要是服务于居住和就业人口，停车生成率较低，车辆停放率和周转率也不高（表1-2）。停车需求发生变化，停车供应特征也将随之发生变化，带来了该区域的可达性发生变化，反过来又引起土地利用性质、强度和建设时序的变化，停车设施与土地利用密切相关。

台中市中心区各类土地利用高峰小时停车生成率一览表　　表1-2

用地类别	住宅	百货商场、超市	观光饭店	精品商场	金融银行	办公大楼	大型餐馆
泊位/100m^2	0.49	1.46	0.51	1.04	11.80	0.62	2.56

任何一个城市区域，如果没有适当的停车设施，就无法衍生足够的经济社会活动，该区域的土地利用价值也将随之降低。美国的 lerman 等人对华盛顿的房地产交易抽样调查结果表明，停车设施的可用性确实影响房地产的价值，从而影响土地利用的性质和强度；就整个城市而言，如果缺乏有效的停车设施供应，城市交通运输以及城市的发展前景都要打折扣，最终表现为阻碍城市社会、经济的发展。停车供应对某些土地利用类型的开发显得尤为重要。如商业用地，充足、便利的停车设施是吸引顾客、增加营业额、提高经济效益的重要条件。国外有关购物研究显示，购物中心自备停车设施的顾客购物要比路边停车购物增加4倍，驾车购物要比乘坐公共交通工具购物增加约2倍。而住宅用地，有无停车位更直接影响到住房的销售。因此，要充分利用好停车设施与土地利用的互动作用，来调控土地利用的性质和强度，从而完善和优化城市用地功能，实现停车设施配置与土地利用的协调发展。

2. 停车设施是车辆出行链必有的重要环节，通过停车设施规划可以调控交通方式结构和交通流的时空分布

车辆的"行"与"停"是城市交通中不可分割的组成部分。根据美国学者所做的研究，车辆"停"与"行"的占用时间之比为7:1。停车是本次出行的终点，又是下一次出行的起点，正是"停—行—停"构成了城市交通的基本运行结构，即"出行链"，而停车设施就是交通流空间分布的控制点。车辆出行数量和频率的增加会引发停车设施需求的增加，车辆出行的起终点分布会影响停车设施的布局。反过来，停车设施的数量、结构、布局和收费价格也会影响车辆出行的数量和频率，引起交通方式结构和交通流的时空分布的变化。

科学合理布设和经营停车设施可以调控道路交通流的时空分布，达到"以静制动"的效果。当停车交通需求量较大时，会通过停车设施出入口对道路交通产生影响，停车设施及其出入口的规模、布局等能够调控交通流空间布局。停车设施满足供应会刺激道路交通需求的增长，而停车交通管理不善也会影响道路交通的运行效率，因此必须取得停车设施容量和道路设施容量的协调发展。理想状态的停车设施供应应该是指达到区域路网交通容量最大限制值情况下的供需平衡，且合理的需求得到满足，不合理的需求得到有效抑制。通过车辆停放这个出行链的重要环节，调控交通方式结构和交通流的时空分布，从而保证城市交通的整体协调和有序运行。

3. 停车设施是车辆出行的起讫点，通过停车设施规划可以调控社会空间布局，促进社会和谐

自备车位是车辆的基本停车需求，自备车位问题解决好才能为停车问题的根本解决奠定坚实的基础。我国台湾地区在1993年颁布实施的《改善停车问题方案》中明确要求任何单位或个人在购买汽车时，必须提供拥有或已经租用自备车位的相关证明，方可申请牌照。

居住区停车问题是一个与城市社会空间布局息息相关的问题。我国城市正面临小汽车进入家庭的浪潮，随着小汽车数量的迅速增长，在老的居住区，车辆停放对住区环境带来较大的影响，空地甚至绿地被用于车辆停放，严重干扰底层住户，甚至影响邻里之间的和睦相处。即使一些新建的住宅区，由于对小汽车进入家庭的速度和规模估计不足，导致有车族占用周边道路停车，形成车辆无序沿路停放的"长龙"，对道路交通产生不利的影响。露天停放的车辆也缺乏适当的安全保护措施，容易被损坏或被盗，带来了一系列的社会问题。

目前不同地区的城市，或者同一城市的不同区域，小汽车拥有水平往往存在较大的差异，仅仅从"有车一族"角度考虑停车设施规划不符合城市的总体利益要求。对"有车一族"在居住区规划建设中优先或限制的考虑，均对小汽车拥有者的空间分布产生影响，从而带来社会空间布局的变化。我国已经步入机动化的快速发展阶段，居住区的建设也正处于高潮时期，研究城市停车设施对于调节社会空间分布，优化不同人群的交通方式选择，促进社会和谐具有重要和迫切的现实意义。随着小汽车拥有水平的上升，必须将小汽车的发展统一到资源节约、环境友好的总目标下，对公交、小汽车和慢行交通进行综合统筹，在城市规划指导与调控下，形成各具特色的城市交通模式。

第二节 停车设施发展的基本概况

一、发达国家城市

不同国家针对自身的机动化战略、交通方式结构、人口密度和建设用地集约程度的特点，各自采取不同的停车设施发展政策。目前，发达国家城市多已从热衷于追求停车设施供需平衡转向大力加强交通需求管理[①]，通过调控停车行为来改变出行行为，进而维持停车设施的供需平衡，以及停车与土地利用、道路交通和社会关系的协调。发达国家城市在停车设施方面的发展实践是值得总结和借鉴的。

1. 美国城市

美国采取"鼓励型"机动化发展方式，通过大量修建道路与停车设施来满足车辆出行和停放的需要，从而使小汽车交通获得较高的发展水平，目前美国的人均小汽车拥有率在 800 辆/千人左右。

随着城市机动化交通的发展，美国城市的停车发展大致历经三个阶段：① 20 世纪 50 年代以前，交通机动化水平不高，主要通过动态设置路内停车和增建路外停车设施来解决停车问题。② 20 世纪 50 年代到 70 年代，随着机动化水平快速提高，中心区交通"两难"问题出现，开始控制路内停车、提高路外停车设施供应以及采取收费措施来解决中心区的停车问题，缓解中心区的交通拥堵状况，增强了中心区的经济活力。③ 20 世纪 70 年代以后，机动化处于稳定的发展阶段，政府认为停车设施的作用应由减少交通拥堵转变为调整交通方式结构，对停车设施的认识也由"越多越好"转变为"控制和管理"，提出征收就业地点的停车税方案，实施包括停车管理在内的"精明"增长策略，以促进交通方式结构优化，增加公交出行量，减轻交通拥堵状况，促进停

---

① 关宏志，任军，姚胜永. 发达国家机动化早中期的城市停车对策[J]. 城市规划，2002（10）：81~84.

车问题的进一步解决。

目前,美国城市停车已由"扩大供给"走向"需求管理",将停车管理作为城市交通需求管理的一个主要手段,探讨不同的停车政策对交通出行结构的影响,并通过"控制和管理"来指导停车设施的规划、建设和管理。虽然,停车设施的泊位总量和规模都略超过现状停车需求,但对于中心区以及其他交通拥挤区域,一些城市取消或削减部分停车设施,将停车调控作为优化中心区交通模式的强有力手段,不仅缓解了停车问题,还减少了中心区交通拥挤和空气污染。

纽约市经历了城市交通的高度拥堵阶段,对停车政策进行了大刀阔斧的革新,通过在中心区限量提供停车设施,来抑制停车需求,从而达到削减中心区小汽车交通量的目的,在个体机动化水平较高的条件下推进了城市公共交通的发展。针对人口密度和机动化水平双高的情况,主要采取以下措施:一是在繁华路段设立"拖车区",某些地点明确规定任何时候都不得停车,一旦违反即遭重罚;二是商用货车和私家车分类管理,在规定时段,只允许商用货车在规定路段内计时停车,私家车除了停入昂贵的地下车库外别无选择;三是限时停车,在规定时段,路内停车一般只允许1小时,最多也不允许超过2小时,否则重罚。停车管理和调控措施的实施,有效减少了小汽车在高密度地区的使用,促进了交通方式结构的优化,为公共交通的发展创造了良好的外部环境。

图 1-1 美国纽约市曼哈顿地区路外公共停车设施

2. 欧洲城市

欧洲城市多属于停车政策延续类城市,停车政策保持了其延续性,在城市中心区采取限制供应、严格管理的对策。目前这些城市的人均小汽车拥有率一般在 500 辆/千人左右。

欧洲各大城市为了缓解小汽车迅速发展带来的交通"两难"问题,将交通需求管理作为解决城市交通压力的主要手段,加强停车需求管理,努力促进城市交通结构合理化,主要包括：①在停车设施规划建设方面，十分强调边缘地带的停车管理，实施和鼓励多方式的停车换乘系统的建设。②限制路内停车，有偿使用路内停车位，提高道路利用效率。如推动咪表的设置，促进合法停车。部分城市还采取了取缔违法停车的针对性措施。这些政策的实施，不仅规范了路内停车行为，还通过收费为路外停车设施的建设提供了重要财源。③对建筑物提出配建停车位指标标准，并采用税制优惠等经济政策鼓励其对外开放。④大力发展停车诱导系统，利用停车诱导系统优化停车需求时空分布，大大提高了停车设施的利用率，也减少了寻泊车辆对道路交通的不利影响。⑤在停车费率上，由采用"均一费率"转向"时间累进制"来调节停车供需关系的时空分布。⑥实行居民停车许可制度，并鼓励市民更多地采用公共交通方式，减少了道路交通总量和停车需求总量。

英国伦敦通过区域差别化的小汽车使用政策来解决停车问题。伦敦市于2003年2月开始在中心区21km²范围内实施道路拥挤收费政策，取得了良好的实施效果。为了进一步改善市中心区西部地区的交通拥挤状况、提高公共交通的服务水平，于2007年将道路拥挤收费区域扩大到"西区"。最近，又拟将收费区域扩大到大伦敦地区范围①。同时，对该区域的停车设施规模进行严格控制，以限制停车供应来调节进入该地区车辆的数量。伦敦市还是世界上停车收费最高的城市之一。道路拥挤收费和差别化停

图1-2　英国伦敦市道路拥挤收费区域

车供应、收费策略的实施，不仅控制了小汽车的使用，还为公共交通的发展提供了良好的发展空间和资金保障，从而促进公共交通设施的改善，吸引更多人选择公共交通方式出行，形成有利于公共交通发展的良性循环。伦敦市在停车设施规划建设方面还有一些经验值得借鉴，如对新建办公楼与商店的专用停车设施泊位控制上限，采取税制优惠鼓励自有停车设施向社会开放等。这些政策和措施的实施，一定程度上缓解了城市交通拥堵问题。

法国巴黎在1960年代初期针对机动车保有量的快速增加带来的停车问题，在道路上设置了禁停区域和临时停车区域，虽然也收到了一些效果，但这种方法由于难以从根本上取缔路内非法停车，反而带来了更为严重的停车问题。此后，巴黎市提出了有偿使用路内停车泊位的方法，在交通性道路之外的大街小巷施划停车泊位，设置咪表，并强化了依法取缔违法占路停车的措施。这项政策的实施，变"堵"为"限"和"导"，不仅缓解了城市停车问题，也使得路内停车收入成为路外停车设施建设不可忽视的重要财源。

德国城市在经历了爆炸式的停车需求增长后，许多城市都采用了限制私人汽车交通、

---

① 薛美根，程杰，杨立峰. 伦敦拥挤收费政策的论证实施和发展历程[J]. 和谐交通——都市交通发展新战略新任务. 第十六届海峡两岸都市交通学术研讨会论文集，2008. 347~353.

保障公共交通和行人交通优先的策略，由此来调整城市交通方式结构。停车设施规划则紧密结合了交通发展政策调整的需要，如科恩市，在中心区外围布置停车设施，供车辆出行者停放车辆，步行进入中心区，这就是边缘停车策略。汉堡市结合高速铁路车站的建设，布置使用便捷、安全和经济的郊外停车换乘设施（Parking and Ride），以控制流向中心区的小汽车交通量，并在郊外停车换乘设施建设购物中心，为停车设施使用者提供各种便利条件。对市区内的小汽车停车设施进行总量控制，加强了公共交通相对于小汽车交通的优越性。

图1-3　法国巴黎市路内停车设施

图1-4　德国多特蒙德市客运交通枢纽

瑞士苏黎世市城区人口36.6万人，小汽车拥有量达400辆/千人。虽然小汽车拥有水平较高，但使用小汽车上下班比例并不高。这主要得益于公交优先发展以及其他交通政策的同步实施，使居民出行使用公共交通比小汽车方便经济。在城市中心区，严格控制停车位数量，停车十分困难，停车费用也相当昂贵，在第一个时间段后，每一小时的收费最高达百元人民币。尤其在城市核心区，停车泊位数量从1990年以后就再也没有增加过，这样也就限制了城市的小汽车交通的发展。在城郊结合部，布置收费相对廉价的大型公共停车设施供进城时停车换乘。

图1-5　瑞士苏黎世市路内停车设施

3. 新加坡

新加坡707km²的国土上居住着459万人（其中公民和永久居民368万），人口高度集中[①]，大规模建设道路会严重影响居民正常生活，并对城市环境产生不利影响。针对这种情况，新加坡采取"限制型"机动化发展政策，用经济、行政手段对小汽车的拥有和使用实行限制，控制小汽车数量的缓慢增长，目前私人小汽车的拥有率在120辆/千人左右；并以限供停车设施来限制私人小汽车增长，通过需求管理来平衡停车设施的供需关系。

新加坡还通过采取不同区域的差别化停车供应策略，加之收费价格杠杆的调节作用，对各区域交通流量进行统筹控制以实现道路交通整体协调通畅。在中心区，采取规模控制的停车设施供应策略，分散布置小型停车设施，避免过多的车辆进入十分拥挤的中心区。

二、国内城市

我国很多城市正处在机动化和城市化同时加快发展的背景条件下，"行车难、停车难"的问题已经成为制约城市整体、协调、可持续发展的瓶颈。特别是发达地区的城市，已迎来城市交通机动化浪潮，也普遍意识到加强停车需求管理的重要性。

1. 香港特区

据香港特区2007年12月发布的《交通运输资料月报》，至2007年底汽车总数为62.3万辆，每千人汽车数为82.0辆；其中私人小汽车总数40.7万辆，每千人私人小汽车数为53.5辆。

香港特区在综合交通发展方面，采取"限制型"汽车化政策。坚持"用者自负"的原则，通过科学的规划、规范的管理和严格的处罚三者相结合来进行停车需求管理，大力发展公共交通，从而保持道路交通的畅达。早在1976年的第一次整体交通研究中，对停车设施的发展明确提出了"要利用停车设施的提供和收费来控制私家车的拥有量和对现有道路设施的使用"的策略，主要内容包括：提供适当的停车设施以满足适度需求；利用停车设施的配置来调控私家车的增长；对停放车辆适当收费以降低停车需求和停车时间；对路内停车采取咪表管理；对私人停车设施建设进行严格的控制。

图1-6 香港特区九龙地区路内停车设施

---

① http://www.singstat.gov.sg/

在1989年的第二次整体交通研究中，提出将停车管制作为道路管理的一项十分重要的措施，主要内容包括：提供停车设施必须和交通情况保持均衡；政府继续实施现行政策，通过卖地计划，在道路容量允许、道路交通增加而产生停车需求的地区，鼓励私营机构兴建及经营停车设施。

在1990年1月颁布的《香港交通政策白皮书》中，提出停车设施不能过多供应，否则会鼓励私人汽车的使用而加重交通堵塞；同时认为停车设施过少也会导致机动车因寻找泊位而增加交通负荷并增加非法停车。因此，停车管理策略需要进行不断检讨和调整完善。

在2002年完成的"泊位需求研究"专题报告中，确定了城市停车策略方向，修订了《香港规划标准和准则》中有关停车泊位的供应标准。特区政府每隔3~4年对停车泊位需求研究一次，不断调整停车发展政策，并提出相应的改善措施，以适应新形势发展变化的需要。

2. 上海市

上海市在2001年完成的《上海市停车系统规划与管理研究》中，提出区域差别化的停车设施对策，将城市停车设施规划的范围分为三个区域，采取不同的停车发展政策①。

内环线以内区域，为停车供需矛盾最突出的区域。采取适度供给策略，以建筑物配建停车为主体，对停车泊位密度按不超过6000泊位/km² 进行上限控制。

内外环线之间区域，围绕交通枢纽、换乘点和大型集散中心设置一定规模的公共停车设施，鼓励停车换乘公共交通进入内环线以内区域，以控制小汽车交通流量，缓解内环线以内区域的道路交通压力。

外环线以外区域，一方面结合对外客运场站和城市轨道交通站布置大容量公共停车设施，尽快形成停车换乘系统；另一方面，提出其他停车设施结合新城和中心镇的建设统一规划，同步建设，以符合新城镇的功能和特色风貌。

图1-7 上海市停车换乘枢纽布局规划图

3. 成都市

成都市将公共停车设施分为路外公共停车设施、路内公共停车设施、配建停车设施等三类。路外公共停车设施总量控制，根据用地布局特点灵活分散布局。公共建筑的配建停车设施必须向社会开放；必须按规定配建停车泊位，并严禁挪作他用；新建居住区自备车位达到"一车一位"。在火车站、地铁站、快速公交站等大型交通枢纽地区，结合对外交通干道，布置公共停车设施。

---

① 上海市交通管理局. 上海市停车系统规划与政策研究[R], 2001.

成都市根据其"环形放射"的城市布局特征，将中心城区分为内环路以内区域、内环路至二环路区域、二环路至三环路区域，制定差别化的停车设施供应策略①。内环路以内区域，采取"从紧供给"模式，以建筑物配建停车设施向社会开放为主体，适量安排公共停车设施，并实行高额收费，控制车辆进入。内环路至二环路区域，实行"适度供给"模式，在居住区逐步实现自备车位，严格限制路内停车。二环路至三环路区域，采用"适度供给"模式。

图1-8 成都市城市停车分区图

4. 深圳市

至2004年底，深圳市小汽车拥有量达53.7万辆。在1989年以前，对建筑物配建停车设施基本不考虑或很少考虑。随着城市转型，大量工业用地改变功能，转为商业、居住、办公，区内高强度开发带来交通流量剧增，停车供需失衡的矛盾日趋尖锐。

在2005年8月颁布的《深圳市整体交通规划》中，确定城市停车设施的发展目标为：构筑规模适宜、布局合理并与道路设施和公交设施相协调的停车系统，保障公共交通的主体地位，维持城市动静态交通平衡②。

深圳市提出停车设施分类供应的策略，将停车设施分为居住地停车、工作地停车、公共停车三类。对于居住地停车供应，通过提高新建住宅停车规划配建指标、改善已有居住地的停车供应、办公楼的停车位在办公时间以外对周围居民开放、规划夜间路内停车位等措施来基本满足居住地的停车需求。对于工作地停车供应，通过降低中心城区工作地停车规划配建指标、规划轨道换乘停车设施来控制中心城区上班停车需求。对于公共停车供应，通过适度提高商业设施停车规划配建指标、恢复擅自改变功能的停车场库停车位、规划建设大型公建配套停车设施、调整路内咪表停车位等措施来满足人们日常活动的停车需求。

---

① 成都市规划设计研究院. 成都市中心城机动车公共停车场规划［R］，2004.
② 深圳市城市交通规划研究中心. 深圳市整体交通规划［R］，2005.

图1-9 深圳中停车指标分区图

5. 广州市

至2005年,广州市(原八区)机动车拥有量达到83.6万辆,形成客车为主的机动车类型结构。停车设施1885个,泊位总量20万个,供应和需求处于失衡状况。建筑物配建停车泊位占81%,公共泊位仅占2%,路内停车泊位占3%,工地临时停车泊位占14%,公共停车过于依赖工地临时停车泊位。

针对城市停车存在问题,广州市采取以配建停车设施为主体、路外公共停车设施为辅助、路内停车设施为必要补充的停车供给策略,逐步建立合理的收费机制,健全管理机制,推动停车发展走向社会化、产业化道路,实现停车与社会经济的协调发展。在城市中心区,实行停车泊位适度从紧的供应政策,并与路网有限的容量相适应。在外围地

图1-10 广州市路外公共停车设施

区,实施按需充分供应的政策,但需要考虑开发项目产生的交通量对道路交通的影响[1]。

广州市在停车需求管理方面也进行了积极的探索,提出结合路网容量的限制,分阶

---

[1] 贺崇明. 城市停车规划研究与应用 [M]. 中国建筑工业出版社, 2006.

段实行停车需求管理的策略。近阶段，着重加大停车设施供应，合理规划停车设施布局，缓解供需矛盾。在2010年前，控制需求与适度供应并重，适当放慢停车设施建设速度，实施需求管理。2010年以后，以控制需求为主，持续实施需求管理政策，使需求保持在一个相对合理的水平，实现高水平的停车供需平衡。

第二章 城市停车设施规划理念与方法

城市停车设施规划是停车设施建设的基础,要充分发挥"规划先行"在建设城市停车设施、解决城市停车问题方面的公共政策导向作用,必须高度重视城市停车设施规划。

第一节 城市停车设施规划的基本理念

做好城市停车设施规划,必须坚持正确的理念和方法,充分利用停车设施时空分布和供需关系的可控性特征,以"供需统筹,以供定需"和"区域差别化"的发展理念为指导,将停车设施规划作为"交通需求管理"的重要手段,充分发挥停车设施的调控作用,实现停车设施与土地利用、交通组织、社会空间的协调发展。

一、供需统筹,以供定需

城市的停车需求不但与停车设施供应密切相关,还受到道路网络负荷能力制约。当城市车辆出行达到城市道路以及出入口道路的最大负荷时,合理的停车需求也就趋于饱和状态[①]。城市停车设施供应容量应当与城市路网交通容量、片区出入口道路交通容量相适应。城市停车设施供应容量也会影响停车需求的变化,不同时间、不同地区的饱和状态停车量,受停车设施供应容量的约束。不提供某种停车条件并进行有效的管理,即意味着对某种交通的限制或禁止,反之亦然。因此,不能片面通过不断增加停车设施的供应来解决日益突出的停车设施供需矛盾,而必须发挥停车设施供应对停车设施需求的影响和制约作用,进行停车供需的调节,实现停车设施供需的总量平衡和动态平衡。

城市停车设施规划要充分发挥停车设施在调控城市土地利用、道路交通发展等方面的作用,进行系统协调、供需统筹,逐步实现供需总量和空间分布的协调。对于进入小汽车普及期的城市,应降低小汽车发展对公交优先发展的影响,通过发挥停车设施的调控作用合理引导小汽车拥有者的空间分布、小汽车交通流的时空分布和小汽车的合理使用,不影响公共交通的优先发展,从而优化城市交通方式结构。只有将停车设施纳入城市综合交通体系,与道路网络、公共交通进行统筹协调,才能从根本上实现停车设施供需的总量平衡。

停车设施供需关系理论上存在四种平衡线,如图 2-1 所示,即 T、R、Q、P 平衡线。T 线称为理论停车供需平衡线,在非高峰期间停车供需矛盾不明显,在高峰时段停车需求与供应水平相差太远,实际上是无法满足需求的。Q 线对应的是绝对停车供需平衡线,以最大停车需求作为停车设施供应水平,此时停车设施在非高峰时段剩余量较大。P 线对

---

① 大城市停车场系统规划技术.国家"九五"科技攻关专题(96-A15-03-02)总报告[R],1998.10.

应的无显著停车延误之停车设施供应线，其标准显然更高，依此标准，停车设施利用率势必低下，不利于停车设施的经营，并很可能进一步刺激停车需求的增长。合理的停车供需平衡线，即 R 线，在此状态下停车设施供需相对平衡，停车设施利用率较高。图中，A 为理论供需平衡状态；A_1、A_2 为停车非高峰时段下停车供应小于需求的状态；a、b 为不同时间点理论停车供需平衡状态下的停车需求泊位数；c 为停车高峰时间点停车供需平衡状态下的停车需求泊位数。

如何达到合理的停车供需平衡线，即 R 线，这是城市停车设施规划必须深入探讨的问题，应包含以下几个主要方面：

①土地利用生成的交通需求量，包括土地利用的性质、面积和强度。
②道路系统的交通容量，包括道路建设水平、网络布局和结构。
③交通方式结构和政策，包括交通方式结构、车型、实载以及交通发展政策。
④停车设施调控的力度，包括分区、分类的调控以及分时、分价的运营管理调控等。

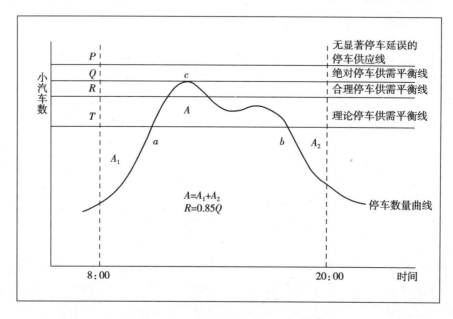

图2-1 停车设施供需平衡关系示意图[①]

二、区域差别化

由于城市不同区域的人口分布、就业岗位分布、土地利用、交通政策、公共交通发展战略、道路系统供应水平等影响因素的不同，城市停车设施供应也应针对不同区域的"差别化"特征。而目前无论在停车设施专项规划还是城市各层次规划中，对城市停车设施多缺乏分区调控理念，忽视差别化供给。在制定停车设施规划控制指标时采用的是"一刀切"的配置方式，即对同类用地、同类建筑普遍采用相同的停车指标，忽视了不同地区交通负荷度和交通流特征上的巨大差异。即使采取了"区域差别化"的做法，也程

---

① 陈媛. 城市停车设施规划问题研究［D］. 西安：长安公路大学，2005.

度不等地存在着对区域差别的研究不够深入细致、区域差别对策过于粗泛等问题。因此，在城市停车设施规划时，必须重视深入研究"区域差别化"的特征，并制定相应措施，按停车发展策略划分不同的停车分区，分别提出相应的停车设施供需关系、停车设施供应结构、停车设施管理和经营调控的策略与要求。根据不同区域的发展特点，对不同区域的停车设施总量和结构进行调控，多种手段并用进行停车设施需求管理，使交通需求与供给能力相适应。同时也要利用"区域差别化"的原理，调整城市布局，调控土地利用，从而平衡土地利用、道路交通容量、停车设施供应总量的相互关系。

"区域差别化"的基本理念包括：①以促进实现"公交优先"为目标，通过划分停车分区，采取相应停车发展政策，鼓励居民出行优先使用公共交通，构建绿色交通体系，促进城市交通"节能减排"。②按照道路网络功能，平衡不同区域的道路容量和停车设施供应总量的关系，合理组织交通流，促使停车交通与道路交通协调发展。③通过差别化的停车供应，引导城市功能合理布局和土地合理使用。④根据城市功能和空间布局，通过在不同区域采取相应的停车发展政策，使不同消费群体都能享有便捷的城市交通服务。

按照"区域差别化"停车理念，进行各分区用地性质与强度、交通设施供应水平、交通运行特征、停车需求等相关影响因素分析，对应的停车设施发展模式一般可分为以下三种：①限制发展模式：限量供应停车设施，大力发展公共交通，加强交通管理，严格控制个体机动化交通的发展，通过供应机制以及价格机制来抑制停车需求，从而减少小汽车的使用。②适度发展模式：适度供应停车设施，有限满足停车需求，以适应适度机动化发展的需要。同时也要通过强化停车设施的管理和运营手段，来引导小汽车的合理出行。③自由发展模式：与小汽车宽松使用政策配套，大力加强停车设施建设，停车供应满足甚至超前满足停车需求。

城市停车设施规划要统筹不同区域停车供应的系统，协调发展。按照城市停车的限制发展、适度发展和自由发展等三类模式，结合土地利用特点和道路网络结构划分具体区域，并明确差别化的停车供应政策：①限制供应地区：通过削减停车供应、提高收费价格等手段，有效遏制停车需求，减少小汽车交通，保证实现公交优先目标。一般应是人口或就业岗位密集、用地紧张地区，如城市中心区、公交走廊地区。②平衡供应地区：在公交系统联系便捷、道路交通容量匹配的情况下，依据停车需求，提供平衡的停车供应方案。这类地区应具有相应的停车设施供地条件，如中心区的外围地区。③扩大供应地区：在道路交通容量和停车设施用地均较为宽裕的情况下，优先考虑停车换乘，提供足够多的停车设施，促进边缘停车的发展。同时，采用最高的配建停车位指标，鼓励小汽车拥有者向该区域集聚。无论是何地区，均应以公交优先发展为城市交通发展的根本要求，通过"区域差别化"的停车供应，实现城市交通结构优化。

第二节 城市停车设施规划的基本原则

城市停车设施规划应具有前瞻性和可操作性。通过停车设施规划，促进形成合理的土地利用模式，落实公共交通优先发展要求，引导停车设施市场化建设与经营。

一、促进土地合理利用的原则

停车设施规划应与城市社会经济发展水平、城市规模、城市特点、机动车发展战略等相适应。灵活采取停车需求管理和供应的相关策略，促进土地利用所包含的活动系统、功能需求、经济能力与交通系统构建相互协调，通过停车设施供应调整城市土地使用性质和开发强度，协调平衡建筑面积总量、停车设施总量和道路交通容量三者关系，保障停车设施与土地利用相互协调发展。

二、贯彻落实公交优先发展的原则

"优先发展城市公共交通是符合中国实际的城市发展和交通发展的正确战略思想"。城市停车设施规划必须符合城市整体交通发展的战略，符合公共交通优先发展的需求，即通过发挥停车设施的调控作用，优化交通方式结构，促进公交优先发展，并一以贯之。对于城市中心区或其他交通拥挤区域，停车设施规划必须特别关注保障公交的优先发展。在外围地区鼓励发展边缘换乘，强化公交与停车之间的密切衔接，鼓励利用公交进入城市中心区，以缓解中心区交通压力。

三、引导停车设施市场化建设的原则

通过停车设施合理布局、合理配置，引导停车设施建设和经营市场化运作，规范有序发展。应以建筑物配建停车设施为主，路外公共停车设施为辅，路内停车泊位作为补充。要形成合理的供需关系、供应结构和供应分布，引导停车设施市场化的建设与经营，以利于广泛运用社会力量按照规划建设停车设施，以利于广泛动员社会力量按照规划有偿提供停车设施为公众服务。

四、相关规划相互反馈的原则

停车设施规划应依据城市总体规划和城市综合交通规划进行编制，并指导控制性详细规划的编制，上位规划确定的停车规划基本原则和总体发展要求以及大型停车设施在停车设施规划中应予以落实，不同层次的规划应及时相互反馈，以停车设施规划的深化细化研究成果提升完善上位规划，并避免相关规划脱节。控制性详细规划有时先于停车设施规划进行编制，可以以编制控制性详细规划的有关内容为基础，在综合交通和停车发展策略的指引下，进行优化和整合，提高规划的科学性和可操作性。

第三节 城市停车设施规划的总体策略

要发挥好城市停车设施的调控作用，编制城市停车设施规划就要研究分区供应策略、分时供应策略、分类供应策略、分价供应策略，并采取相应措施。

一、分区供应策略

分区供应策略就是根据交通特征的差异划分停车分区，相应明确不同分区的停车设施供应对策。根据差别化的停车设施供需关系，对不同分区分别采取限制供应、平衡供应和扩大供应，制定相应的停车设施供应对策。

对于不同分区采用停车设施需求调整系数确定该分区的停车设施供应量。停车设施需求调整系数定义为分区停车设施供应量和预测需求量的比值。对限制供应地区采取停车设施供应量小于预测需求量的策略，即停车设施需求调整系数小于1；对平衡供

应区采取停车设施供应量近似等于预测需求量的策略,即停车设施需求调整系数约等于1;对扩大供应区采取停车设施供应量大于预测需求量的策略,即停车设施需求调整系数大于1。

1. 限制供应地区供应策略

限制供应地区应制定停车设施指标的上限,停车设施需求调整系数可取0.8~0.9;对某些特殊地段可低于0.8。对该区域限制供应自备车位,可以调控车辆拥有的空间分布;限制供应公共车位,可以调控车辆使用的空间分布。通过限制停车设施的供给规模,使人们减少小汽车出行,更多地选择公共交通、自行车或步行等绿色交通方式,达到调控交通、优化土地利用的目的。同时,应优化停车供应结构,实现停车设施错时使用;鼓励或要求配建停车设施对社会公众开放,从而最大限度提高停车设施利用率,缓解该地区停车设施不足的矛盾。

2. 平衡供应地区供应策略

平衡供应地区应制定停车设施指标的区间值,停车设施需求调整系数可取0.9~1.1左右。对该区域要按照供需平衡的要求供应停车设施,达到平衡城市交通强度和土地利用强度、平衡道路交通和停车交通、平衡自备车位与社会空间的目的。在平衡供应地区,既要高度重视配建停车设施建设,实现配建停车设施供需的平衡,也要切实加强公共停车设施建设,实现公共停车设施供需的平衡。

3. 扩大供应地区供应策略

扩大供应地区应制定停车设施指标的下限,停车设施需求调整系数可取1.1~1.3左右。对该区域应以建筑物配建停车设施为主导,充分重视各类停车设施的建设,可使停车设施供应适度超前。通过停车设施的扩大供应引导小汽车的拥有和使用向该类地区集中,均衡城市交通流,并在交通空间上改善公交不易覆盖区域的机动性。

二、分类供应策略

分类供应策略就是要在停车分区的基础上,合理确定各个分区的路外公共停车设施、路内公共停车设施、建筑物配建停车设施等各类型停车设施的比例和规模,通过停车设施不同类型的供应来达到调控优化分区土地利用、交通流分布、交通方式结构等目的。在停车设施规划中,应该始终贯彻以建筑物配建停车为主、路外公共停车设施为辅、路内公共停车设施为补充的分类供应原则。针对不同城市以及城市的不同区域,根据实际情况合理确定各类型停车设施的供应结构比例。

1. 路内与路外的平衡供应策略

路内和路外停车设施往往会出现两个极端,一是路外停车发展缓慢,路内随意停车现象严重,导致城市停车秩序非常混乱;二是只重视发展路外停车,不加区别地一律限制路内停车。正确策略是采取路内与路外的平衡供应对策,处理好不同类型停车设施供应结构、空间布局的关系,促进两者协调发展。路内与路外停车设施的平衡供应是停车设施利用效率最大化的根本要求。

路内、路外停车设施的发展需要根据城市道路条件及交通状况、停车设施建设情况等综合考虑确定,要在保证城市道路通畅和交通秩序良好的前提下设置路内停车泊位。

强制缩短路内停车时间将使更多停车者选择路外停车设施。当路外公共停车设施建成投入使用后，应对其周围一定范围内路内停车设施及时进行调整。从城市停车设施总体发展要求来看，路内停车泊位所占的比例应予严格的控制。

  2. 公共与配建的平衡供应策略

  配建停车设施主要面向主体建筑物内部人员使用，使用对象的单一性导致了配建停车位的使用效率明显偏低，特别是在主体建筑物停车高峰以外的其他时段，车位资源浪费现象严重。在城市公共停车设施供应短缺，而配建停车设施又大都利用率不高的情况下，应鼓励其向社会开放，既可以有效地缓解停车供需矛盾，又有助于提高配建停车位利用率，还可以合理获得直接经济效益，使现有的停车设施资源得到充分的利用。

三、分时供应策略

  分时供应策略就是根据不同出行目的的停车需求时间分布特征，针对停车设施利用率时间差异性较大的特点，明确不同时段的停车设施供应对策，以调控道路交通流的峰谷值，并提高停车设施利用率。

  1. 车辆停放的分时供应策略

  车辆停放的高峰和平峰的差距大，则停车设施利用率会受到较大的影响。分时供应策略，就是通过调节停车供应时间分布，使停车设施利用在高峰和平峰更加均衡，从而实现停车设施资源的充分利用。分时供应策略还可调节区域交通流量的时间分布，缓解高峰时段的交通压力。

  2. 收费价格的分时供应策略

  在高峰、平峰时段收取不同停车费用，将导致停车者择时停车或缩短停车时间。分时定价包括两个方面：一是按停放单位时间累进收费，对于城市中心区，应鼓励缩短停放时间，提高停车泊位的周转率，因此对短时间停放可定低价或不收费，对长时间车辆定高价；二是不同时间段区别定价，高峰时间高收费，非高峰时间低收费。

  3. 停车泊位的错时使用策略

  不同的土地利用性质，在一天或一周中会有不同的停车需求高峰，这使得相邻用地之间泊位共享成为可能。在城市停车设施规划中，如能将停车需求高峰时刻不同的一些用地相邻布置，统一规划停车设施错时使用，从而最大限度地实现停车泊位之间的共享，将能提高停车设施利用率，并节约停车设施总用地。如公共建筑的配建停车设施夜间可向周边居民停车开放，居住区停车设施白天可向社会停车开放，综合性建筑内停车设施也可错时使用。

  停车泊位的错时使用，最重要的是要具体进行不同时段的停车需求调查，得到具体的数据，这样才可以进一步实施泊位共享。根据美国的调查，在工作日需求方面，办公与零售、旅馆与娱乐、零售与娱乐、办公与宾馆可以错时停车；在季节需求方面，学校与短期培训、需求高峰不同的季节性消费品销售可以错时停车。一个区域内，不同类型建筑物之间可以利用不同的停车时间需求高峰实现泊位共享，如表 2-1 所示。

不同的建筑物停车设施共享一览表　　　表 2－1

工作日高峰	晚间高峰	周末高峰
银行	娱乐场所	商店、大型商场
学校	餐馆、饭店	公园
工厂	剧院、电影院	超市
医院	休闲健身场所	休闲健身场所
办公楼		
科研机构		

四、分价供应策略

分价供应策略就是针对中心与外围、路内与路外、地面与地下的停车设施以及私人车辆与公用车辆等差异（不同时段分价供应的策略见前页），建立起不同地区、不同类型、不同车种的停车设施分价供应对策，通过价格杠杆来调节各类停车设施利用率，从而保证城市停车设施供需平衡。

1. 不同地区的分价供应策略

对限制供应区应高费率，拉开与其他地区的停车收费差距。充分发挥停车价格杠杆作用，调节限制供应区的停车需求，鼓励出行者使用便捷的公交系统，并通过提高停车收费改善停车经营状况。

对平衡供应区停车收费定价应综合考虑车位建设的投资回报、停车经营盈利和使用者的经济承受能力，使停车建设与经营成为市场经济行为。并充分运用价格杠杆调节停车需求，提高各类停车设施的运转效率，达到停车需求和供应的相对平衡。

对扩大供给区可实行停车低收费和计次收费的方法，提高停车设施利用率。在城市外围轨道交通和公共交通换乘车站提供足量、低费用乃至免费的停车泊位，鼓励车辆出行者换乘轨道交通和公共交通。

2. 不同类型的分价供应策略

根据不同的停车费率，可将停车设施分类为低费率停车设施和高费率停车设施。一般而言，高周转率的停车设施高收费，低费率停车设施满足长时间的停车需求。同一停车设施的停车费率也可变化，例如，可大幅提高路内停车泊位白天的停车收费，进行分时和分价的双调控；也可按照优地优价原则，针对不同区域拉开停车收费差距，进行分区和分价的双调控。

坚持"路内停车收费高于路外、地面停车收费高于地下"的原则，运用价格杠杆调节路外公共停车设施、路内停车、建筑物配建停车收费，使各类停车的发展走上良性循环道路，最大限度优化配置停车设施资源。

3. 不同车种的分价供应策略

根据城市功能布局和路网容量，通过采取不同车种的分价供应对策，对某些类型的车辆在规定的时间、路段或区域进行分离，可以净化车种，提高停车设施及道路的利用效率。

城市停车设施按不同功能可以分为中心区、居住区、就业密集区和交通枢纽地区的停车设施,每种停车设施都有性质不同的交通流。因此,在采取不同车种的分价供应对策时,应根据停车设施的不同服务对象来确定分价调控的内容。对于城市不同的功能区域,车种禁限的需要是不同的。在城市中心区,结合道路交通组织,可以对白天的货车停放采取高收费,鼓励夜间货运。对于停车困难的就业密集区,可以对合乘的车辆停放采取优惠措施。对于风景旅游区,可对自驾游的车辆采取较高收费费率,促使其转乘旅游公交。

分区、分类、分价、分时是不同的调控手段,但目的是相同的,都是通过调控停车行为来调节城市交通。其中,分区调控是最基本、应用最普遍的,所以要首先做好停车分区。分类、分价、分时的调控都应在"分区"的基础上进行才能更加合理有效、整体协调。

第四节 城市停车设施规划的调控途径

在城市停车设施规划中要贯彻和落实停车设施的分区、分类、分时、分价调控策略,通过停车发展政策、停车设施布局、停车收费措施以及停车设施管理等途径,实现停车设施对土地利用、交通方式结构和交通组织、社会空间分布的调控作用(图2-2)。

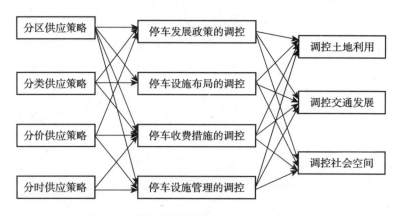

图2-2 停车设施调控原则、主体和客体关系图

一、停车发展政策的调控

停车发展政策是城市交通政策的重要组成部分,是在一定的交通发展战略控制之下,指导、约束和协调人们停车观念和停车行为的准绳,是正确处理停车需求与供给、停车资源的投入与分配、经济补偿与使用者(受益者)合理负担等一系列相互关系的基本依据,指导着整个停车规划、建设和管理。停车发展政策包括停车供应政策、收费政策和执法政策等。

停车发展政策应与土地利用规划相协调,停车政策分区应体现土地利用的特点。任何一个城市功能片区,如果没有合理的、适当的停车设施,就无法衍生足够的社会经济活动,该区域的土地使用价值也将随之降低。反之,提高土地开发强度,则会衍生更多的停车需求,但如果需求无度,就可能导致停车与路网容量的失衡。在城市建设用地布局方面,不同产居关系生成的通勤出行距离的大小,会直接影响对停车设施的需求。一般而言,出行距离的加大,必然促使居民尽可能地采取机动化的出行方式,会加大停车设施的需求;反之,如果出行距离较短,则可能更多地采取公交和慢行交通等方式,停车设施的需求就会得到有效的控制。因此，在特定的停车发展政策指导下，要发挥停车设施对城市土地利用的调控作用，通过调整土地利用性质、开发强度和停车供应之间关系的反复优化，实现该分区停车与土地利用的相互协调。

停车发展政策应促进道路交通与停车交通的协调发展。在可持续交通发展目标的引导下，将停车发展政策与城市交通发展政策有机协调起来，通过调控停车需求的增长，合理布置各类停车设施，引导人们更多地采用公共交通方式，促进停车设施供需均衡发展，从而促进形成合理的交通方式结构和交通流的空间分布。

停车发展政策也应关注调控不同类型车位的供应关系，从而调控车辆拥有者的空间分布。特别是在配建停车设施中，自备车位是支撑机动车发展（尤其是小汽车进入家庭）的必要条件，也是调控车辆拥有者空间分布的主要因素。"一车一位"是必须满足的刚性需求，如果从发展政策上对某一地区自备车位进行限制，必然会制约该地区车辆拥有率；反之，如果采取高标准的配建政策，则会鼓励家庭购买小汽车，从而影响城市的社会空间，也会影响住房的销售。如在我国台湾地区，有车位住房的销售率比没有车位的要高出20%左右。

二、停车设施布局的调控

停车设施是土地开发利用的重要影响因素，其布局对土地利用的性质和强度起着很大的调控作用。合理的停车设施布局，可以增强城市土地利用的效率，同时也可以疏散和平衡城市交通的流量和流向。停车设施布局对某些类型的土地利用尤为重要，例如商业用地，顾客的短时停车需求很大，充足、便利的停车设施是吸引顾客、增加营业额的重要条件。

停车设施布局对城市整体交通的影响，主要表现在停车设施系统与城市道路网络系统协调的程度上。停车设施布局对交通组织的调控常用的分析方法有"正向平衡分析"和"反向平衡分析"两种：当路网合理交通量所产生的停车需求远远超过已有的停车供应时，说明该区域停车设施的建设滞后于动态交通的发展；反之，则有必要提高路网的通行能力或是减少停车设施的供给。

停车设施布局对车辆拥有者空间分布也有着较大的影响。应处理好公共与配建、路内与路外的关系，在具体布局上，对车辆拥有者空间分布进行调控。如对于公交客流走廊地区，可以限制停车设施供应量，形成不方便小汽车出行的布局，从而有效地增加公交出行比例。

停车设施布局包括停车设施位置、规模、建造类型、出入口的设置等。不同的停车设施布局，对路段车流交通的通行能力均有不同程度的影响。根据美国《交通工程手册》测算，在同一道路上，有路内停车泊位时可通过的交通量要比没有路内停车泊位的路段少1/4～1/3。另据英国《交通规划与工程》一书介绍，不间断的单向路内停车可使路上车流速度降低20%以上。路外停车设施的出入口设置不当，也将对停车设施的内部交通和与之连接的道路交通产生严重影响。

三、停车收费措施的调控

采取不同的停车收费费率，对交通方式结构的优化有一定的促进作用。通过调节停车费用，影响出行总费用，从而影响居民的出行方式选择。居民出行一般会选择既经济，又便捷、安全、舒适的交通方式。城市停车设施收费标准的确定要有利于建立各种交通方式之间、不同分区之间合理的比价，从而实现对交通方式结构和交通流的调控。如发达国家城市中心区普遍采取高额的停车收费管理策略，对降低中心区小汽车出行比例、提高公交出行水平起到了积极的作用。在香港中环、纽约曼哈顿地区，由于停车费奇高，即使高收入者，也多选择乘坐公交车上班。

停车收费能够调控车辆拥有者分布，从而促进形成合理的城市社会空间。小汽车进入家庭是经济发展与生活水平提高的必然过程。在小汽车化初期建立更有竞争力的公共交通体系，将会为远期的交通格局奠定良好的基础，增强公众对公交系统的依赖性和信任度。借鉴发达国家经验，当前提高停车收费等交通政策的目的，不是阻止小汽车进入家庭，而是要为公共交通、轨道交通的建设争取时间，以抢在小汽车全面进入家庭之前，形成公共交通规模和网络，从而将小汽车最终的饱和拥有率控制在城市资源可以接受的水平。

第五节　城市停车设施规划的技术路线

城市停车设施规划以"调控"作为规划的总体指导思想，坚持"供需统筹、以供定需"、"区域差别化"的发展理念，以现状问题和症结分析为基础，以停车分区和策略为导向，通过需求预测，提出调控策略，明确不同区域各类停车的供应总量和结构，充分体现停车设施分区、分类、分时、分价的调控思想，确定公共停车设施规划布局方案和各分区建筑物配建停车位指标标准，并制定相应的实施政策和措施。

一、停车问题和症结

通过对路外公共停车、路内公共停车、配建停车设施的供应、需求和运行状况进行调查研究，分析当前经济发展水平和城市规模、用地布局特点、不同客运方式的停车问题，总结现状停车设施供需关系、供应结构、停车设施分布以及管理和经营等方面存在的症结。

对照国家规范标准所确立的指标体系以及经验指标，借鉴相关城市经验，进行现状各类停车设施的比较分析，对停车行为进行调查研究，把握城市停车特点。

分析现有停车设施与土地利用、道路交通的协调性，找出停车设施在调控城市用地布局和道路交通组织方面的不足之处和存在问题，为规划编制奠定基础。

同时，还要研究和分析现有停车政策法规、停车管理和经营等方面存在的问题，重点分析停车管理和经营在停车设施效率最优化发挥方面存在的问题。

二、停车分区与策略

在城市土地利用及交通设施供给、需求和运行状况的现状分析基础上，根据城市总体规划所确定的空间结构和用地布局，依据城市交通功能片区，结合人口和就业岗位分布、土地利用、交通政策、公共交通和道路交通供应情况，划定城市停车分区。

停车分区的划分要准确体现不同区域停车行为和停车特性的差异，应具有鲜明的特征和较强的可操作性，以便于按分区编制规划、制定政策、进行管理。停车分区的划分要协调与城市功能片区的关系，以便于与城市规划相衔接。停车分区的划分要与城市交通发展战略相协调，促进公交优先发展。

针对不同停车分区，采取不同调控策略。要实现停车供需关系的分区调控、停车设施供应结构的分区调控、停车设施管理的分区调控、停车设施经营的分区调控。

三、停车设施需求预测

依据城市人口规模、土地利用类型和强度、机动车拥有量等规划目标进行停车需求总量预测，总体上把握城市停车设施的需求数量。

将停车设施需求按照特性分为自备车位、公共车位两类，进行分类预测，提出不同类别停车设施的需求量。依据各区域的人口规模、土地利用、机动车拥有量、车辆出行和道路交通量，进行不同类别停车设施的需求分布预测，保证不同类别停车设施需求总量平衡，各分区停车设施需求预测量应和上述城市停车设施总量预测相协调。可采取多种方法进行预测，相互校验，经综合分析提出各区域的同类别停车设施的需求分布量。

停车需求分布模型主要可归纳为三大类：一是将区域内各种不同土地利用性质的地块都看作是停车吸引源，分析单位土地利用的生成率，建立基于停车需求与土地利用之间关系的模型。二是寻找停车需求与地区机动车发生吸引量之间的相关关系，基于机动车出行量与停车需求的拟合关系模型。三是以人口和就业、各类汽车注册数等指标为参数，建立多元回归模型，来推算停车需求。

四、停车设施供应分布

将停车设施分为路外公共停车设施、路内公共停车设施、建筑物配建停车设施三类，针对停车设施的建设、管理和经营的条件和需求特点，分类提出各区域三类停车设施的供应量，并进行总量平衡。不同区域的停车设施供应应体现公交优先发展和区域总体发展战略的具体目标要求，进行供需统筹，系统协调，形成合理的供应结构。

分析停车供应对城市土地利用对城市动态交通的影响，明确不同区域的停车供应策略，体现"区域差别化"的规划理念和发展要求。根据停车分区，确定合适的停车设施供需关系，预测各区域停车设施供应量。停车设施供应要体现分区、分类调控的作用，确定城市停车设施供应的空间分布、结构分布和预控分布，并对分时、分价提出指导性意见，为停车设施的管理和经营决策提供依据。

正确处理不同区域的三类停车设施比例关系。以配建停车设施为主、路外公共停车为辅，路内停车作为补充的供应体系是从根本上解决城市停车问题的核心和关键。

五、公共停车设施布局

在各区域路外公共停车设施、路内公共停车设施、建筑物配建停车设施的停车位供应量确定的前提下，制定停车设施布局原则，依据土地利用、道路交通条件、停车设施可达性要求，合理布局各类公共停车设施。

在具体布局时，要坚持大中小相协调，集中与分散相结合的原则，进行路外公共停车设施的规划选址，并进行规划评价，通过反馈，优化停车设施布局方案。

城市路内公共停车泊位选址要从道路条件、交通条件等多方面进行总量控制、统筹安排，并注重分时、分价管理措施的运用。

最后，从经济、服务水平以及对道路交通和土地利用的影响等角度，分别评价停车设施布局方案，并进行综合评价，选择最优规划方案。

六、建筑物配建停车位标准

建筑物停车配建不仅是满足停车需要，更是交通需求管理的有效措施。需要对建筑物的停车配建进行一定的调节，以达到需求管理的目标。城市建筑物停车配建可以分为"满足型"和"调控型"两类。

制定建筑物配建停车标准应对城市不同停车分区、不同建筑性质、建筑类型的停车配建进行研究，体现停车分区差异、建筑类型差异、停车行为差异、停车特性差异，具体方法包括类型分析法和静态交通发生率法，同时考虑停车供需调控指数，科学确定建筑物配建停车位指标。

建筑物配建停车指标的制定应侧重于近期，远期依据届时具体情况进行调整、修订。

七、规划实施的政策措施

制定包括城市停车设施的规划编制管理和项目实施管理、建设政策、管理措施等内容，提高规划的可操作性。

城市停车设施规划主要理念、原则、策略和要点　　　　表2-2

规划理念	基本原则	总体策略	规划要点
1. 供需统筹，以供定需； 2. 区域差别化	1. 促进形成合理土地利用模式的原则； 2. 贯彻落实公共交通优先发展的原则； 3. 引导停车设施市场化建设与经营的原则； 4. 规划管理强制性与引导性相结合的原则	1. 分区供应策略； 2. 分类供应策略； 3. 分时供应策略； 4. 分价供应策略	1. 停车问题和症结分析； 2. 停车分区与确定策略； 3. 停车设施需求预测； 4. 停车设施供应分布； 5. 公共停车设施布局规划； 6. 建筑物配建停车位标准研究； 7. 规划实施的政策措施建议

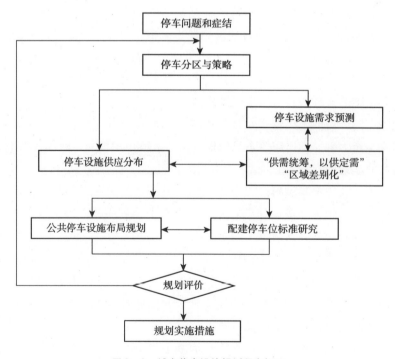

图2-3　城市停车设施规划程序框图

第三章　城市停车问题与症结

第一节　城市停车问题分析

一、不同经济发展水平的停车问题

停车问题和经济发展水平是密切相关的。随着经济的不断发展，小汽车的保有量会逐渐增加，对停车设施应该采取相应的政策和措施。

1. 不同经济发展水平下停车问题的特点

随着经济的发展，小汽车的普及成为必然。虽然部分国家提出通过交通需求管理对私人小汽车发展进行控制，但是经验表明，小汽车拥有量的提高是很难得到有效控制的。根据美日欧长达60年的人均GDP水平与汽车普及率的统计分析，汽车拥有量随着人均GDP而增加是普遍规律。从机动车拥有率和停车发展阶段来看，发达国家大致经历了以下几个阶段[①]：

人均GDP在1000美元以下时，汽车拥有水平约为每5~10人一辆，城市三大产业发展水平均较低，城市化水平也较低，私人汽车尚未成为主要交通工具，城市停车问题比较简单，中心区停车设施的供需矛盾不是很突出。

人均GDP1000~3000美元时，汽车发展进入导入期，拥有水平达到平均每3~5人一辆，城市第二产业进入快速发展阶段，城市化水平开始快速发展，随着城市中心区经济的发展，停车设施需求增长很快。

人均GDP3000~8000美元时，汽车发展进入第一个普及期，拥有水平达到平均每3人一辆汽车以上，城市第三产业开始加速发展，城市化水平进入快速发展阶段，如北美城市在该阶段为停车设施的主要发展时期。

人均GDP8000~20000美元时，汽车发展进入第二个普及期，城市第三产业成为主导产业，城市化发展进入基本稳定阶段，随着汽车拥有水平的提升，城市停车难问题凸显出来。

人均GDP超过20000美元时，汽车拥有率达到平均每2人一辆以上，汽车拥有水平达到饱和状态，城市以第三产业为主，并出现郊区化发展趋势，就业居住分离现象导致这一时期城市中心区停车问题加剧。

国外城市不同经济发展阶段停车特点　　　　表3-1

经济发展阶段	汽车拥有水平	产业结构	城市化发展水平	停车特点
人均GDP1000美元以下	汽车拥有水平较低	第三产业发展水平均较低	城市化水平较低	机动车以沿街随意停放为主
人均GDP1000~3000美元	汽车发展进入导入期	城市第二产业进入快速发展阶段	城市化水平开始快速发展	机动车以地面停车和沿街收费停车为主

---

① 史自力. 未来中国汽车产业发展战略. 西部论丛，2006（2）：27~29.

续表

经济发展阶段	汽车拥有水平	产业结构	城市化发展水平	停车特点
人均GDP3000~8000美元	汽车发展进入第一个普及期	以第二产业为主,第三产业开始加速发展	城市化水平进入快速发展阶段	路内停车设施已经不能满足需求,路外停车设施发展迅速
人均GDP8000~20000美元	汽车发展进入第二个普及期	第三产业成为主导产业	城市化发展进入基本稳定阶段	停车难问题开始凸显
人均GDP超过20000美元	汽车拥有率每2人一辆以上,进入大众化时期	以第三产业为主	出现郊区化发展趋势	停车问题突出,部分地区停车设施供应总量很难满足停车需求

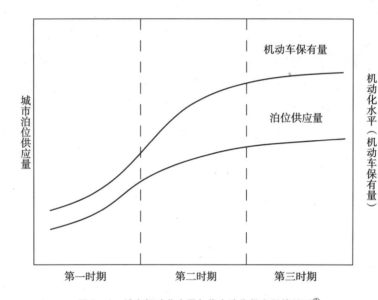

图3-1 城市机动化水平与停车泊位供应量的关系①

回顾发达国家停车设施发展历程,从总体上看,对停车设施问题的认识滞后于城市机动化发展水平。人们对于城市机动化带来的停车问题开始时认识不足,所采取的停车措施往往从缓解当前问题着手,希望通过增加供给就能够解决机动车的停车问题;而当城市机动化发展到非常高的水平时,人们才逐渐认识到停车问题并不是单纯依靠供给就能够解决的,转而开始通过交通需求管理和交通系统管理相结合的方式来缓解城市特别是中心区的停车问题。

借鉴发达国家在机动车发展历程中停车策略和措施的变化,能够使我们对城市停车问题的认识超前于当前的城市机动化发展水平,从而有可能避免发达国家走过的弯路,汲取发达国家缓解城市停车难题的经验,提早应对和根本缓解城市"停车难"的问题。

2. 不同经济发展水平下的城市停车政策

城市停车政策可以分为以下三类:

第一类为停车扩大供给政策。采取这一类型政策的国家或地区的主要特点包括:①经济发展水平处于由比较发达向发达过渡的阶段,城市机动化发展水平由初步普及阶

---

① 陈媛. 城市停车设施规划问题研究 [D]. 西安:长安大学 (2005):30.

段进入大众化时期，城市人均 GDP 基本在 8000～20000 美元左右。②通常人口密度较低（一般城市人口密度小于 1000 人/km^2，中心区人口密度小于 4000 人/km^2），具备大量建设停车设施以及交通设施的用地条件。③汽车产业一般在国家或地区产业政策中占有较大的比重，同时，政府鼓励发展私人小汽车。具备了这些条件，可以采取停车设施的扩大供给政策以鼓励小汽车发展。

第二类为加强停车需求管理政策。采取这一类型政策的国家或地区的主要特点包括：①经济发展水平处于发达阶段，城市人均 GDP 在 20000 美元以上。②人口密度或就业密度较高，不能完全满足中心区停车的用地和环境需求。③城市公共交通非常发达，与小汽车相比明显处于优势地位。

第三类为全面控制中心区停车设施规模的政策。采取这一类型政策的国家或地区的主要特点包括：①城市化水平和居民收入水平较高，小汽车进入家庭没有经济障碍。②城市人口密度非常大，土地利用强度非常高（一般城市人口密度高于 6000 人/km^2）。③汽车产业一般不是该国家或者地区的主导产业，城市拥有一个强有力的政府，并制定相应的法规来限制机动车的需求增长。

停车政策不是一成不变的，从国外城市停车政策的发展历程来看，停车政策发展主要分为两个阶段：经济发展水平较低时，城市机动化发展水平也较低，停车设施需求总体不高，多数城市采取充分供给的政策，规划和建设大量停车设施，以充分满足日益增加的停车需求。经济发展到较高水平时，城市机动化水平也较高，停车设施需求有了大幅度的增长。此时，不同城市的停车政策有了一定的分化，根据城市的具体情况，在转型期内采取了不同的停车发展政策。以纽约和伦敦为代表，属于"停车政策转变类"城市，主要是在部分区域采取控制供应总量的停车发展政策。这类城市均经历了城市交通的高度拥堵阶段，然后逐步走向优先发展公共交通，在城市中心区只提供适量停车设施对交通总量进行调节和控制，从而达到减少市中心交通量，促进公共交通优先发展的目的。以巴黎、东京为代表，属于"停车政策延续类"城市，其中巴黎主要通过加强城市停车设施管理，以管理促进停车设施的合理利用，在城市发展公共交通的同时，使停车政策保持其延续性，在城市中心区仅保持一定供应量，并对停车设施进行严格的管理；而东京主要通过加强停车设施立法管理，制定停车法，对停车设施的配置要求进行细化，要求购车者必须自备停车位。

3. 我国当前经济发展水平下的停车问题

当前，我国的城市经济发展大多正处于从人均国内生产总值 1000 美元向 3000 美元的上升过程中，汽车发展进入导入期，部分城市已处于 3000 美元到 8000 美元的汽车发展普及期，2007 年末全国民用汽车保有量达到 5697 万辆（包括三轮汽车和低速货车 1468 万辆），其中私人汽车保有量 3534 万辆，民用小汽车保有量 1958 万辆，其中私人小汽车 1522 万辆[①]。从全国范围看，我国国内生产总值 2000 年到 2007 年年均增长为 15.4%，而同期民用汽车和私人汽车的年均增长率分别达到 15.6% 和 23.8%，特别是私人汽车的增

---

① 中华人民共和国国家统计局. 中国统计年鉴 2007.

长率要显著高于GDP的增幅。虽然我国幅员较大，地区之间发展不平衡，但是从全国总体上看，民用汽车总量和GDP保持了同步增长，私人汽车总量的增长要显著高于GDP的增长速度。

大城市和经济发达地区中小城市正处于小汽车高速增长阶段，其中，北京、上海、广州等特大城市已经连续多年保持了10%以上的机动车年均增长速度。北京市从2000年到2006年，机动车年均增长10.52%，目前小汽车保有量已经突破了300万辆，其中私家车数量超过170万辆，超过小汽车保有量的50%。上海市虽然采取了车辆牌照拍卖的办法，对机动车的增长采取一定的限制措施，但是近几年的机动车仍然保持了快速增长的势头。经济发达的长江三角洲、珠江三角洲、渤海湾地区，城市机动车平均增长速度达到15%以上，其中以私家车增长速度最为迅猛。

以江苏为例，从13个设区城市近年来民用汽车增长速度看，近三分之二的城市民用汽车平均年增长率超过20%。其中，扬州、镇江、泰州、宿迁由于保有量基数较低，所以增长幅度更大，汽车发展进入导入期；而南京、苏州、无锡、常州等经济较为发达地区在民用汽车较高保有量的情况下，近几年仍然出现了机动车的平稳高速增长，说明这些地区已经进入了机动化高速增长阶段，汽车发展进入普及期。

近年来江苏省主要城市民用汽车增长情况一览表（万辆）　　　表3-2[①]

年份	南京	无锡	徐州	常州	苏州	南通	连云港	淮安	盐城	扬州	镇江	泰州	宿迁
2002	14.63	14.53	9.46	7.84	21.93	7.49	3.75	3.71	5.44	4.62	4.47	3.92	2.38
2003	19.66	18.96	10.02	10.19	28.6	8.58	4.31	4.36	6.69	5.53	5.83	4.95	2.87
2004	26.36	23.89	11.26	12.87	36.12	11.25	5.09	5.31	7.25	6.81	7.82	6.89	2.63
2005	31.15	29.39	11.55	16.59	44.97	13.04	5.96	5.96	7.96	8.17	8.51	8.6	4.61
2006	36.32	35.44	14.81	20.18	56.76	16.93	6.94	6.79	10.09	10.03	9.09	9.10	5.62
2007	46.20	43.10	31.55	25.09	71.11	21.69	12.49	10.93	14.71	13.14	11.36	11.80	14.21
平均增长率（%）	25.86	24.29	27.24	26.19	26.53	23.70	27.21	24.12	22.01	23.25	20.51	24.66	42.96

城乡居民的汽车需求持续上升在给汽车产业的迅速发展提供巨大增长空间的同时，城市停车问题已经凸现。

首先是对停车问题和作用的认识不够全面。社会往往关注"停车难"的表面现象，仍然缺乏比较深入的认识：一是缺乏对城市停车问题的总体考虑，仅停留在充分供应或者限制供应的单一措施的层面，缺乏对城市停车问题的总体把握；二是往往不能从城市交通系统战略的角度来看停车问题，未充分认识到通过停车设施的调控，可以引导城市交通方式结构的优化，促进城市公共交通优先发展，从而达到从源头上调控停车需求的目的；三是对停车设施调控城市土地性质、强度、价值的作用认识更加不足，仅仅将停车设施的调控作用局限在城市交通层面。

---

① 江苏省统计局．江苏统计年鉴2007.

其次是停车设施供应总体上处于总量不足阶段。与机动车迅速增加相比，停车设施并没有保持同步的增长。例如苏州市2005年底共有公共停车泊位14049个，停车总泊位与机动车拥有量的比例为0.30:1[①]；北京市2005年底经营性停车设施共计有587284个泊位，停车总泊位与机动车拥有量的比例为0.23:1[②]。由于停车设施建设"历史欠账"、城市土地资源供应紧张等多种因素的制约，中心城区的停车泊位供给严重不足，许多居住小区、商业设施没有配建停车设施，大多只能利用小区内道路或空地停车，或使用周边城市道路路内停车；同时，由于配建停车和路外公共停车设施的缺乏，为解决城市停车问题，不得不大量设置路内停车泊位，对道路交通形成了较大的干扰。但值得注意的是，机动化水平较高的城市在中心区停车设施供应和道路交通流量之间的矛盾也已经逐步凸显出来，如果进一步增加停车设施可能对道路交通的运行产生不利影响。

第三是停车设施的布局不尽合理。路外公共停车设施和配建停车设施在停车需求量较大的地方布置较少，这样的布局往往造成停车需求量越大的地方，路内停车越多，主要从方便当地使用考虑，没有按照统一的路内停车设置标准执行，对道路系统的畅通造成不利影响。对于停车需求量大的地区，停车设施配置较少，主要是因为用地不足，或是配建停车设施建设较少和对外开放程度不高的原因。此外，在城市出入口和中心区外围由于缺乏大型公共停车设施布局，并且和公共交通没有便捷衔接，导致大量的机动车拥向中心区，加剧了停车矛盾和交通拥挤。

第四是停车设施等级结构不合理。多数城市路外公共停车设施建设滞后，特别是在城市中心区，停车设施供应结构失调尤为突出。以昆山为例[③]，2008年中心城区机动车停车泊位总数约2.05万个，其中路外公共停车泊位约占4%，路内停车泊位约占8%，建筑物配建泊位约占88%，城市路外公共停车设施建设严重滞后导致了停车设施供应结构的不合理，影响了城市停车设施整体效能的发挥。

不同类型停车设施供应结构一览表（%）　　　　　表3-3

类别	建筑物配建泊位		路内停车泊位	路外公共停车泊位	其他	年份
	居住配建	公建配建				
上海市区	91.9		3.49	3.36	1.25	2004年
杭州中心区	17.8	70.4	8.3	3.5	0	2005年
昆山市区	88.0		8.0	4.0	0	2008年

资料来源：上海市城市综合交通规划研究所．上海市停车发展规划；南京市交通规划研究所．杭州市中心城区配建停车场现状调查分析报告；江苏省城市交通规划研究中心．昆山市中心城区停车系统规划．

第五是停车收费政策差异不够。一是费率单一，没有体现区位差异，部分城市往往中心区和外围地区一样收费或者差价不大，没有体现停车供需关系不同地区的费率调节作用；二是路内、路外停车设施收费没有体现差异，路内停车占用了较多的道路资源，

[①] 中国城市规划设计研究院．苏州市城市综合交通规划[R]，2007．
[②] 北京市交通发展研究中心．北京交通年报[R]，2006．
[③] 江苏省城市规划设计研究院．昆山市城市停车系统规划（2008~2020）[R]，2009．

且影响其他车辆的通行,因此总体上应使路内停车费率高于路外停车;三是停车时间长短收费差异不大,停车收费与停车时间没有密切关系,部分公共停车设施甚至没有时间限制,使得泊位的周转率偏低。有停车者近乎把公共停车设施泊位当作私人泊位使用,连续占用泊位停车数天,严重影响泊位的使用效率;四是停车收费标准整体偏低,停车产业发展动力不足。

第六是停车者的停车行为意识及法制观念有待提高。驾车者总是希望就近停车,使用路内停车设施的愿望较强。此外,驾车者对于车辆的使用过于频繁,往往是只要外出不管距离长短都要使用汽车,导致停车需求大大增加。违法停车现象较为普遍,许多市民依然保留着非机动车"门到门"的习惯,开车外出办事或购物,为了自己方便,随意乱停车,商业设施附近晚间违法停车现象非常严重。

通过以上分析可以把目前我国城市停车的主要问题归结为以下几个方面:首先缺乏停车调控思想,导致停车设施的调控作用没有得到充分发挥;其次缺乏通过停车设施优化布局促进公交优先发展的理念,导致在停车设施和公共交通的发展上难以统筹考虑;再次缺乏综合统筹的方法,导致停车设施供需上的失衡,停车收费价格制定的不合理。

面对机动化加速发展、"停"和"行"矛盾愈加突出的趋势,不能等到机动化水平发展到很高程度时才开始重视停车设施的规划,而应避免重复部分发达国家在早期一味通过建设停车设施满足停车需求的老路。在城市还未进入机动化高速发展阶段或刚刚进入该阶段时,就要通过规划充分发挥停车设施的调控作用,进而在建设与运营管理上运用停车设施的调控作用,对城市机动化进程进行科学引导和干预,以实现城市的可持续发展。

二、不同城市功能区的停车问题

在城市不同功能区域中,中心区、居住区、就业密集区、旅游地区、交通枢纽地区的停车问题最为复杂,矛盾也最为突出,且各具特点,存在不同的停车问题。

1. 城市中心区停车问题分析

(1) 停车特点

城市中心区出行主要包括就业出行、购物出行和其他目的出行。中心区的停车行为主要特点有:①就业出行者停车时间最长,一般为其他目的停车时间的4~6倍。由于停车时间较长,所以停车社会成本也相对较高。如果其使用公共停车设施,为降低停车费用,即使从停车设施前往就业地点的步行距离较长,人们通常也会选择停车费用较低的停车设施。②购物出行的停车特点一般取决于在中心区逗留时间的长短和所购物品价值的高低,与该区域的商业业态有直接的关系,一般来说,停车时间较短,有明确的购物目标,或所购物品价值较高者,通常使用距目的地较近的停车设施。③在中心区办事或其他目的的停车特点有较大的随意性。一般来说,他们在中心区停留的时间较短,流动性较大,因此大多数把车停放在靠近目的地且易停易取处。

中心区的停车时间特性是:在一个星期中,星期一到星期五就业出行的停车需求较大,购物出行的停车需求相对较少,而在周末则是购物出行的停车需求大,就业出行的停车需求相对较少;在一天中,上班时间段的工作出行停车需求较多,而中午、晚间等非上班时间购物出行的停车需求较大。

图 3-2　美国纽约市曼哈顿地区多层停车设施

(2) 停车问题分析

城市中心区的停车问题主要表现在以下几个方面：一是中心区开发强度与停车供给的矛盾，主要体现在城市中心区多为服务业、商业等高强度开发的用地，但是停车设施的建设却难以和土地利用强度相适应，特别是公共停车设施严重缺乏。二是停车设施的供应和中心区内交通容量之间存在矛盾，城市中心区需要数量充足的停车设施供应，但是中心区内寸土寸金，土地开发强度大而道路网络容量有限，难以承担相应的机动车交通，即使拥有充足的停车供应，车辆也难以进出。三是不同目的的出行在停车特点和停车供应结构方面存在矛盾。由于停车需求时间分布的不同，就业停车和购物停车有可能错时共用，但是现实却是就业停车多为配建专用停车设施，很难向公众开放，而面向商业提供服务的配建公共停车设施，白天与晚上、平日与周末使用率差异非常大。四是中心区停车的不同调节措施对各类出行目的的敏感性有较大的差异，如表 3-4 所示。

城市中心区不同出行目的对停车调节措施的敏感性　　表 3-4

出行目的	停车供应量	停车价格因素
就业出行	敏感性较大	敏感性较大
购物出行	敏感性适中	敏感性适中
行政办公出行	敏感性较小	敏感性较小

2. 居住区的停车问题分析

(1) 居住区停车发展历程

在我国，私人小汽车进入家庭是近十几年内的事情。在 20 世纪 80 年代，人均建设用地指标普遍在 80m²/人以内，小区停车是自行车、摩托车的停放。随着私人小汽车不断进入家庭，居住区停车问题也越来越突出。

20 世纪 90 年代开始了"中国城市小康住宅研究"和 1995 年推出的"2000 年小康住宅科技产业工程"，针对中国经济的迅速发展和家用小汽车急剧增加等实际情况，在 2000

年《小康型城乡住宅科技产业工程城市示范小区规划设计导则》中明确规定"小区内的停车位,应该按照不低于总户数的20%设置,并留有较大发展可行性。此时,人均建设用地指标普遍在120m²/人以内,增加的建设用地为改善交通和环境奠定基础条件。经济发达及东南沿海地区应按照总户数的30%以上设置。停车设施应保证必要的用地和安全停放,减少对住宅环境的影响"。然而,当前许多城市商品房住宅停车位配建已经接近甚至超过1:1。

(2) 居住区的停车问题分析

居住区的停车问题与居住区所处区位、住宅类型、居民类型、建造年代、周边用地可拓展性、周边道路交通状况等因素密切相关。

①居住区区位和停车问题

城市居住区区位差异会导致居民用车、停车的不同特点,停车问题也不尽相同。

首先,我国居住区区位特点和国外有很大的不同。国外较为富裕的家庭一般住在郊区,往往开车上下班或者将车开到轨道交通换乘点乘坐轨道交通上下班;收入较低的家庭居住在城市中心区的普通住宅,通常采用公交方式出行。而我国的普通住宅,越靠近市中心房屋价格越高,在市中心买房的人,可以很轻松地购买和使用小汽车;同时,由于医院、学校等优质公共服务设施大都在城市中心区内,往往越是富裕的人群越是居住在城市中心区,停车需求量越大。这种居住区分布形式增加了停车设施供应和调节的难度。城市中心区自备车位需求量大,同时中心区的交通也最为拥挤,停车供需矛盾十分突出。如果增加停车设施供应,则迅速增加的机动车拥有量会进一步恶化中心区的交通;而如果减少停车设施供应,则自备车位很难得到满足,车辆乱停乱放的现象会较为严重,同样会影响中心区的交通。

其次,由于居住区位的不同导致居民用车、停车习惯也不同。居住在郊区或者中心城区以外地区的居民由于距离就业地和购物地较远,上班或者购物出行往往使用私家车的较多,此类区位居住区内居民往往对车辆依赖程度较高,这就要求在这类出行的目的地配置一定数量的停车设施;而住在城市中心区的购物出行选择私家车的相对较少,此类区位居住区内居民相对来说对机动车出行的依赖程度较低,可以在市中心一般商业地区减少停车位的配置。

②住宅类型和停车问题

不同住宅类型由于其用地、建造特点、居民生活水平等因素的差异,对停车设施的需求也不同。

由于业主消费能力的差异,不同住房类型配置停车位的需求有很大的不同。住宅类型可分为普通单元式住宅、公寓式住宅、复式住宅、跃层式住宅、花园洋房式住宅、小户型住宅等,其中普通单元式住宅和公寓式住宅对配建停车位的需求显著低于复式住宅、跃层式住宅和花园洋房式住宅。

目前国内一些城市对不同住宅类型的配建停车标准有相应的规定,但各个省市在划分时也不尽相同。例如江苏省以一类居住用地和二类居住用地区分住宅配建标准,各城市在此基础上根据自身特点也制定了相应的配建停车标准;《北京市居住公共服务设施规划设计指标》中，将住宅分为一般住宅、高档商品住宅、高档公寓和别墅，不同类型住宅的停车泊位配建标准也有所区别；重庆市《建设项目配建停车位规划管理暂行规定》对住宅类建筑物停车位的配备标准，分别墅和普通住宅、国家政策性住房三类。

在居住区停车配建标准制定时，对于住房类型的划分没有公认的标准。此外，有的城市即使对住房类型进行了比较详细的划分，但是在制定停车配建标准时没有考虑不同住房的区位因素以及停车分区调控的要求。

③居民类型和停车问题

居民类型包括居民的年龄、性别、职业等特征。居住区居民类型不同，停车也具有不同的特点。老年人较多的居住区一般停车需求较低，而中青年人较多的地区停车需求较高；高收入人员的机动车拥有量和使用车辆的频率要显著高于一般收入人员。

④新旧居住区的停车问题

20世纪90年代初期及以前建设的小区较少考虑停车配建，多为地面停车或者占用小区道路停车，道路系统也没有人车分流，导致许多居住区内车辆和行人混行，车辆乱停乱放。

如果住宅外围可拓展用地较多，则可利用周边用地发展停车设施，或者利用周边用地的地下空间解决停车问题；如果住宅周边没有可拓展的用地，住宅停车大多会停在小区内道路以及周边的道路上，对道路交通的影响较大。

目前，城市新建小区较为严格地执行了各地的居住小区停车配建指标标准，各地根据小汽车的发展形势也提高了配建标准。例如《江苏省城市规划管理技术规定（2004年）》中居住建筑配建指标标准一类居住用地1辆/户，二类居住用地0.4辆/户。从目前发展形势看，许多地方制定的配建标准已经不能够适应机动化发展的需求，面临着继续提高配建标准和分区域设置不同配建标准的问题。

图3-3　昆山市旧居住区周边停车设施

⑤周边道路交通条件和停车问题

居住区出入口相邻道路通行能力和承担的交通量制约着居住区出入口的通过能力。根据对城市居住区的调查，上班高峰小时离开居住区的车次占区内过夜车总数的50%~60%。下班高峰小时进入的车次占过夜车总数的40%~50%。早晚高峰小时内车流密度最大的15分钟，出入车辆数占高峰小时的总量大约40%。高峰时间居住区出入口一条车道的通过能力观测值约为250~350辆/小时。根据以上数据，可以推算出居住区出入口辖区内车位总数与高峰时间出入流量的关系。如果居住区周边的道路通行能力不能适应交通需求，或者道路等级过高、交通量较大，而小区出入车辆对道路交通有较大的影响，则说明居住区停车设施的出入口设置存在一定问题。

3. 就业密集区停车问题分析

就业密集地区停车可选择的方式较多，包括单位停车、就近停车等。有小汽车的职工，上下班是选择公共交通还是自己驾车，不仅取决于道路运行的状况，而且也取决于单位和周边的停车条件、停车费用等。如果单位具有充足的停车泊位，职工就会考虑驾车上下班；反之，如果停车泊位非常有限，许多职工就不得不放弃使用小汽车上下班。在单位没有充足停车泊位的情况下，一般会优先选择离单位较近的公共停车设施，此时公共停车设施的位置以及停车费用对出行方式有很大的影响。

就业密集区停车问题体现在以下几个方面：

一是就业密集地区停车和居住区的布局有着极为密切的关系。根据就业密集区和居住区布局关系，停车问题可分为两种情况，一种是就业密集区和居住区分离情况下的停车问题，另一种是就业密集区和居住区混合布置时的停车问题。过去十几年以来，我国城市土地利用空间布局发生了很大变化，分区功能更加明确，原本混杂的旧城区通过土地置换或调整，强化了商贸、办公、金融活动功能，居住和工业向外围新区迁移。旧城区土地利用的调整、社会经济活动的增强，促进了旧城区的交通需求增长，尤其是弹性交通需求的增长，与此同时，新城区的开发建设，特别是居住用地增加，外迁人口增多，使得新区和旧城区之间的出行增加，呈现"向心性"和"潮汐式"交通特征，这种出行特征下如果城市公共交通不能够发挥通勤交通骨干作用，就会使居民通勤出行更多地利用私人交通工具，从而增加就业密集区的停车需求。因此，缓解就业密集区停车问题的首要因素在于合理规划就业与居住分布，密切产居关系，促进交通减量。

二是就业密集区停车问题和停车供给以及停车收费等因素有直接关系。首先，是否在就业密集区提供大量的停车位很大程度上影响人们的上班出行是否采用小汽车方式；其次，在就业较为集中的地区，采用何种收费政策对人们采用何种方式出行也有很大的影响，如果采用较高的收费，会显著减少小汽车出行比例，反之则会刺激小汽车出行大大增加。

三是就业密集区停车问题和城市公共交通的发展有密切关系。公共交通的发展可以有效地减少就业密集区的停车需求。以纽约为例，城市家庭户均私家车拥有率高达1.5辆，但是纽约市城市交通特别是通勤交通中，公共交通出行比例占到80%以上，大量的公共交通出行减少了就业密集区的停车需求，对城市停车问题的缓解起到了关键作用。

图3-4 泰国曼谷就业密集区路外公共停车设施

4. 旅游地区停车问题分析

（1）旅游地区分类

旅游地区主要分为以下三类：一类是城市建设用地范围内的城市公园、绿地等，一般服务于本地游客的休闲需要；第二类是城市边缘的旅游地区，一般以外地游客为主；第三类是距离城市较远的风景区，主要服务于外地游客。需要具体调查分析游客构成和出游交通方式，并根据景区的景观环境要求和用地条件，适量、合理配置停车设施。

（2）停车问题分析

目前对于旅游地区停车问题的认识，往往多关注表面现象。相关新闻报道中多是旅游景区假日停车位爆满的消息，于是许多旅游景区在其内部辟出大块用地停车。在扩大停车设施规模的同时，机动车拥挤、汽车尾气污染等问题也随之而来。因此，不能简单地增加或减少停车设施的配置，而需要根据旅游景区的分类、游客来源、景区所处区位、景观生态环境要求等，对旅游地区的停车设施提出不同的配置方案。

城市内部的休闲旅游地区，主要是市民平日的休闲、娱乐出行，应当引导居民多使用公交、自行车、步行等方式，一般不需要大量建设停车设施；对于第二类旅游景区，也不能一味地多建停车设施，而要分析景点游客是否可以以城市为依托，发挥公交和旅游巴士的作用，从而减少对停车设施的过多依赖；对于第三类距离城市较远地区的旅游景区，在不影响景区环境的前提下应提供一定规模的停车设施。此外，对于游客量大的景区应设公交专线。

满足旅游地停车需求并不一定要在景区景点多建停车设施，一方面景区景点并不是一年365日天天人流如织，停车紧张的情况也就是那特定的十几天或几十天，为了这短短的时间花费大量资金建设停车设施，而在平日里造成土地的大量浪费，这种情况无论对景区景点来说还是对城市建设来说，都是不明智的；另一方面如果一味地在景区景点内建停车设施，只能加剧交通拥挤和秩序混乱，并给景区景点的环境带来较大的污染。

图3-5 常州市天宁寺周边的路外公共停车设施

5. 客运交通枢纽地区停车问题分析

（1）交通枢纽分类

城市客运交通枢纽包括机场、火车站、汽车客运站、地铁换乘站及地面大型公交车站，可分为以下两类：

①城市对外客运交通枢纽

这类枢纽主要分布在城市对外交通的出入口处，是城市内外交通衔接的地方，最常见的就是火车站和大型汽车客运站。交通流量大且比较集中，客流停留时间短。相比公共交通换乘枢纽，这类枢纽中换乘小汽车和出租车的乘客相对较多，机动车停车需求量较大，特别是社会车辆及出租车的停车需求较大。

图3-6 香港特区新机场的路外公共停车设施

图 3-7 美国纽约肯尼迪国际机场的路外公共停车设施

②城市公共交通换乘枢纽

这类交通枢纽处于多条公交线路的交会处和集散点，常见的主要是以轨道交通为核心的换乘枢纽和常规公交换乘枢纽。轨道交通一般沿城区各组团间及组团内部主要客流走廊铺设，是城市交通网络的骨架层，轨道交通枢纽主要实现轨道线路之间的换乘，并为其他交通方式之间所构成的集散交通的换乘提供据点。而常规公交换乘枢纽一般是聚集和分散客流，为轨道交通及其他交通方式喂给客流和疏散客流。城市公共交通枢纽交通特点主要是高峰小时集散量较大，其他时间交通集散量较小。这类枢纽中，城市中心区的公共交通换乘枢纽主要是非机动车的停车问题，而机动车的停车问题主要是位于城市边缘地区的公共交通换乘枢纽，通过边缘停车换乘减少中心区交通压力。

城市对外客运换乘枢纽的停车问题较为简单，其布局在城市对外交通设施布局明确后即能确定，停车设施规模可以根据对外交通设施的客流规模确定，并且城市对外客运换乘枢纽的停车多是接送客的临时停车需求，周转率较高。目前交通枢纽地区停车问题主要是城市公共交通换乘枢纽地区的停车换乘问题。在国外许多大城市，中心区外围公共交通换乘枢纽地区通常设置停车换乘点。我国大多数城市虽然目前停车换乘不普遍，但是特大城市和大城市的枢纽地区停车换乘将是一个发展趋势，必须在规划时充分考虑和预留停车换乘设施的空间。公共交通换乘枢纽中，由于特大城市和大城市用地规模的扩大、中心区房价升高等因素，居民通勤距离不断增加，而城市轨道交通具有速度和便利性的优势，利用城市外围地区的轨道交通枢纽设置停车换乘可以收到较好的效果。而目前在我国大部分城市，常规公交换乘枢纽由于换乘方便性、快捷性难以保障，这类枢纽对于停车换乘的吸引力不足。

图3-8 城市公共交通换乘枢纽

(2) 停车换乘的特征

停车换乘在国外被称作"P+R"模式,是指通过在城市中心区以外地区的公交枢纽,如轨道交通站点、常规公交首末站等地区,建设停车设施,吸引驾车者在此换乘公共交通前往城市中心区。停车换乘系统设置的主要目的是通过采取低价收费甚至免费的收费管理策略,为私人小汽车、自行车等提供停放空间,并辅以优惠的公共交通票价政策,吸引乘客换乘公共交通进入城市中心区,以减少私人小汽车在城市中心区的使用,缓解中心区交通压力。城市停车换乘系统大多依托城市公共交通换乘枢纽布置,此外,由于城市对外交通枢纽往往是公共交通较为发达的地区,也可以设置停车换乘设施。

设置停车换乘系统一般应具备以下条件:一是换乘系统设置的区域内外具有不同的停车供应和收费政策,能够引导居民实现停车换乘;二是停车换乘点必须具备发达的公交系统,附近廉价的停车设施,以及外围地区通达的道路系统。停车换乘设施一般设置在城市外围宽松地带与中心拥挤地带的结合处,以便于小汽车与公共交通的转换。

伦敦轨道交通共有12条线,加上高峰时间和星期日增开的3条线路共计15条,有三分之一的地铁车站和停车设施结合在一起,构成十分方便的换乘体系,能保证市郊居民1小时内到达市中心办公地,有效限制了私人小汽车进入市中心区。在德国慕尼黑的地铁6号线附近,有个名为弗洛特曼尼的廉价停车设施,提供1270个停车位,每天收费仅0.5欧元。市民停车之后搭乘地铁,17分钟便可到达市中心。法国在新建写字楼时,也大大减少原来必备的配建停车设施容量,而在城郊结合部兴建廉价的停车设施,鼓励上班族进城时尽量使用公共交通,以此来减少进入市中心的车辆。

图3-9 曼谷城市P+R换乘枢纽

国内城市已经开始重视通过停车换乘，减少进入城市中心区的交通流，缓解中心区的道路交通和停车压力。例如北京市将在四环、五环等城市周边地区的公共交通特别是轨道交通站点，建设一批收费较低的停车设施，吸引人们"停车换乘"，减少北京市中心区内机动交通量，缓解城市交通压力。

(3) 停车问题分析

目前，我国城市交通枢纽地区的停车主要存在以下几个方面问题。一是大部分城市由于城市中心区的公共交通特别是轨道交通发展滞后，很难建立枢纽地区的停车换乘系统。二是在轨道交通站点规划时，缺乏超前意识，在部分换乘条件较好的区域没有预留停车换乘用地，后续想要建设停车换乘系统却很难得到实施。三是由于个人的习惯因素，居民还没有形成停车换乘的习惯。四是缺乏经济手段对交通枢纽地区的停车换乘行为加以引导，例如交通枢纽地区的停车收费优惠政策、城市中心区交通拥挤收费等相关配套经济调控手段。

三、不同交通方式的停车问题

1. 单一交通方式出行的停车问题

对小汽车交通方式的调控是在城市停车设施规划中需要解决的核心问题，本书的主要内容也都围绕此展开，这里不再详细阐述。对于自行车等其他个体方式的出行，关键是合理设置停车位置，加强停车管理，减少对动态交通的干扰，避免对城市市容环境产生影响。

2. 组合交通方式出行的停车问题

组合交通方式是指在一次出行中采用两种及更多交通方式完成出行目的，包括步行、自行车、摩托车、常规公交、轨道交通、小汽车等，相应地，这些交通方式相互组合可以有多种类型的交通方式出行，如自行车—常规公交—自行车组合出行、自行车—公共交通—步行组合出行、自行车—轨道交通—步行组合出行、汽车—轨道交通—步行组合出行等。

采用组合方式出行,特别是通过换乘轨道交通、常规公交等方式作为衔接完成最后的出行,对政府部门而言,有利于在城市中心区实现交通减量,优化城市交通方式结构,减少城市机动车污染,构筑区域协调、内外一体化的城市交通出行链;就个人角度而言,能够使居民出行更加方便、经济和舒适。

采用组合方式出行有其一定的适用范围和条件,主要包括:①城市规模较大,需要采用组合出行方式;②有明显的城市中心区,且中心区交通压力较大;③城市交通方式多样,一般具有轨道交通或快速公交的支持,公共交通在经济性、舒适度、便利性上能够对小汽车形成比较优势;④需要制定交通政策引导居民出行换乘,例如城市中心区和边缘地区不同的停车供应政策、价格政策,公交优先政策等,引导居民采用换乘公共交通方式出行。

目前组合交通方式出行的停车问题尚未引起足够的重视,特别是大城市发展城市轨道交通和常规公交时没有同步进行相关停车换乘系统的规划和建设工作。对于组合交通方式的停车点设置类型、设置位置、设置数量需要超前规划,充分预留。

现阶段我国许多特大城市轨道交通建设速度十分迅速。在轨道交通停车换乘中,政府需要出台相关的政策,在城市中心区外围轨道交通站点附近建设停车设施,提供低廉、便捷的停车服务。此外,可以结合商业开发项目等,对轨道交通换乘枢纽进行综合开发。在轨道交通站点附近建设停车设施时,应着重注意以下几点:①停车设施位置便于换乘,步行距离不应过长,特别是汽车和轨道交通的换乘,停车场的位置在不影响交通秩序的前提下应尽量靠近轨道交通站点;②停车收费价格低,停车收费应采用免费、低票价或是和公共交通一体化收费,吸引居民采用组合方式出行;③有良好的管理维护;④常规公交与轨道交通的良好衔接;⑤有较高的安全性,停车场应配置管理人员,保障停放车辆的安全。

四、不同城市规模的停车问题

1. 出行距离不同,停车问题不同

一般来说,城市当量半径越大,居民出行距离越长。在特大城市和大城市中,如果公共交通不很方便,选择小汽车出行的比例会越来越高,随之而来的城市停车问题也将日益严重。而中小城市由于规模较小,出行半径一般在3~5km范围内,选择自行车、摩托车等私人交通工具的比例会较多,因此停车问题也不一样。

根据北京市居民出行调查,2006年北京市居民平均出行距离为9.3km,比2000年增加了1.3km。居民出行距离的增加,促进小汽车保有量增加,改变了北京市民出行行为和生活习惯。根据调查,北京的常规公交竞争力显著低于小汽车,主要表现在:公共电汽车出行比小汽车出行平均距离短4.5km,但所需的时间耗费却多24.3分钟[①]。如果公共交通不能加快发展,必然导致私人机动车发展无序,停车供需矛盾也会越来越突出。

城市规模的不断扩大使得居民的出行距离不断增加,相应地居民选择机动化出行比例也将会逐渐提高。而在出行方式上,机动化的选择是向私人小汽车还是公共交通倾斜

---

① 北京市交通发展研究中心. 北京市第三次居民出行调查分析报告[R], 2007.

是未来城市交通可持续发展的关键。出行方式选择是居民出行便捷性和经济性之间的选择问题,同时也取决于政府如何引导。如果城市公共交通系统不完善、公交线网结构布局不合理、运行速度低、价格高,居民出行必然会向私人交通方式发展,从而引起城市停车问题日趋严重。而如果公共交通提供了足够便捷、经济的服务,居民会更多地选择公交出行,必然也有利于城市停车问题的缓解。

2. 城市交通方式结构不同,停车问题不同

公共交通方式和小汽车交通方式在城市中均占有一定的比例,在相互竞争中谁能够占主导地位,直接决定了城市内停车问题的差异。

如果公共交通占主要地位,停车问题则相对易于解决。例如新加坡、东京、香港等城市,公共交通在城市居民出行中占据主导地位,形成了交通发展良性互动的局面。而像洛杉矶这样的以小汽车交通为主导方式的城市,由于小汽车的发展已经超出了城市可承受的范围,因此不得不转向大力发展公共交通。

中小城市由于出行距离较短,所以自行车、摩托车等私人交通工具使用率相当高,江苏省对部分中小城市进行了调查,目前公共交通的出行比例最高的仅7.98%,而自行车、助力车、摩托车等方式出行比例均较高(见表3-5)。因此,中小城市在关注机动车停车问题的同时,还要特别关注非机动车、摩托车等交通工具的停车问题。

江苏省部分中小城市居民出行方式结构(%) 表3-5

城市	步行	自行车	助力车	公交车	摩托车	出租车	私家车	单位车	其他	年份
江阴市	21.86	37.52	2.29	7.98	16.39	0.71	10.57	1.66	0.02	2007
靖江市	25.22	39.97	2.98	2.73	0.92	22.76	3.25	1.47	0.69	2007
丹阳市	32.73	35.45	14.36	3.37	0.87	9.07	2.10	1.35	0.7	2006
泰兴市	24.19	33.92	14.26	0.90	0.38	21.74	1.34	2.25	1.02	2006
新沂市	18.40	51.41	11.45	1.00	12.22	1.55	1.32	0.60	2.05	2006

资料来源:江阴市、靖江市、丹阳市、泰兴市、新沂市城市综合交通规划。

3. 城市规模越大,中心区停车问题越突出

大城市中心区往往土地利用类型多样,既包括大量的商业,同时商务、办公、学校等也较多。小城市中心区大多以商业为主。因此,城市规模越大,城市中心区出行目的结构越复杂,停车问题越突出。城市规模越大,中心区停车时间越长。根据调查,10万人左右的小城市平均停车时间为1.5小时,而100万人以上的大城市平均停车时间3小时。这也是大城市比小城市停车设施供需关系更加紧张的原因之一。

城市规模越大,停车者的可忍受步行距离越长,选择路外停车设施的概率越大。根据相关调查,上海市停车者平均最大可忍受步行距离为235m(中心城区面积约640km^2),昆山市为150m(2002年建成区面积约54.77km^2),张家港市为91m(2004年中心片区建成区面积约24.48km^2),姜堰市为70m(2007年建成区面积约17.4km^2),从统计分析可以看出,城市规模越大,停车者选择距离目的地较远的路外停车设施的概率也越大(以上数据来源于上海市、昆山市、张家港市、姜堰市的城市停车设施规划或交通调查)。

城市规模越大,路内停车设施的比重越应得到控制。这主要因为大城市人均建设用

地面积较小，而汽车保有量较多，因此发展路外停车的迫切性也越强。根据对多个城市相关调查分析表明：人口超过百万的城市其路内停车泊位数占整个泊位数的比例一般在20%以下，50～100万人口的城市一般在20%～25%，25～50万人口的城市一般在25%～35%，20万以下人口的城市则维持在35%以上。表3-6所示为20世纪90年代后期国内部分城市路内停车有关状况。

国内部分城市路内停车情况① 表3-6

城市	上海	广州	南京	苏州	湖州	铜陵	常德	昆山
人口规模（万人）	961	396	197	128	42	39	25	19
路内停车泊位数（个）	12343	2544	3030	600	583	448	437	1143
总泊位数（个）	180638	58170	13480	3606	2663	1863	1595	2920
路内停车泊位所占比例（%）	6.8	4	22	17	22	24	36	39

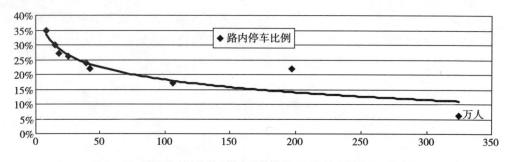

图3-10 路内停车泊位数占整个泊位数的比例与城市规模关系拟合图

第二节 城市停车问题的症结

城市停车问题是停车设施供需关系不平衡的外在表现，产生这些问题深层次的原因，主要有以下几个方面：

一、缺乏统筹观念

发达国家和地区的经验表明，城市停车无限制供应不但会加剧城市交通矛盾，也难以解决城市停车供需矛盾，更不是一个好的发展方式，必须统筹相关要素加强需求管理。国内多数城市目前正处于扩大供给阶段，虽然在停车设施规划时考虑到了停车需求管理，但对如何发挥停车调控作用系统研究重视不够。

1. 忽视区域差别化的停车发展策略，缺乏分区调控观念

城市不同区域的交通状况不同，其道路基础设施的供给量、公共交通的覆盖率、土地利用强度等均不尽相同，因此城市停车设施的供应应有所不同。但是目前在规划时往往采取相同的停车供给策略，没有对不同交通特点区域的情况作详细分析，忽视了停车设施所具有的调控作用。

---

① 梅震宇. 城市路内停车设施设置优化方法研究［D］. 南京：东南大学：26～27.

2. 片面强调满足停车需求，缺乏供给控制校核

对于区域停车设施总量，往往仅以停车设施的满足程度作为衡量指标，以满足停车需求作为目标，缺乏在一定区域进行停车供给控制的理念。在制定城市停车设施规划中往往以静态的观点看待停车位的供给，忽视了停车位的共享、周转可能带来的使用效率的提升，也缺乏对停车位供给方式和管理方式的引导和控制。这种忽视使用效率的规划一方面造成了停车难的现象普遍存在，另一方面，大量的停车位空置，造成空间资源极大的浪费。

3. 配建指标标准自身不科学，缺乏分层分类体系

目前，我国城市已经初步形成建筑物配建停车位标准，但对于不同区域往往采取"一刀切"的指标体系，缺乏分层分类的停车配建指标体系。制定建筑停车设施的配建指标只重下限，不重上限。此外，在配建指标的制定上，建筑分类标准对于停车特点考虑不够明晰，建筑配建分类体系不够完善和准确。

二、缺乏资源整合

1. 缺乏完善配套的法律法规

要做到"停车有位、停车有序"，首先必须做到"停车有法"。停车法规是加强停车管理、解决停车问题的前提和保障。我国有关城市停车的法律法规主要有：1988年由公安部和建设部制定的《停车设施建设和管理暂行规定》和《停车设施规划设计规则（试行）》；1990年由民航管理局制定的《民用机场停车设施建设和管理暂行规定》；2000年由国家计委制定的《机动车停放服务收费管理办法》；2003年由全国人大制定的《中华人民共和国道路交通安全法》及2004年由国务院发布的《中华人民共和国道路交通安全法实施条例》。此外，北京、上海、深圳、重庆及大部分省会城市也相继针对本地的实际情况，由地方人大或相关的交通管理部门制定了一些与停车相关的法律法规。长期以来，虽然对城市停车做了一些立法工作，但对应城市交通机动化发展状况以及与发达国家相比，仍然存在许多缺陷和不足，主要表现在：缺乏一部专门的停车法。在已出台的有关城市停车的法律中，只有《中华人民共和国道路交通安全法》。虽然其中对城市停车问题作出了许多规定，但主要是为了规范和解决交通安全方面的问题，不是一部专门的停车法。现有停车法规和停车设施规划、建设、管理的许多规定过于陈旧，远远不能适应当今快速发展的停车管理的需要。此外，不同城市停车问题有其自身的特点，需要根据城市实际制定地方性停车相关法规。

2. 缺乏统一的停车管理机构

停车管理机构是停车系统中的一个重要部分，也存在着诸多矛盾，突出表现在：管理手段单一、管理制度复杂、管理理念和技术落后等。由于历史欠账过多，要大量增加停车设施以达到基本供需平衡，还需要经过长期不懈的努力。在短期之内，更为行之有效的方法是全面完善停车管理来提高停车效率，缓解供需矛盾。

我国内地城市一般都是由规划部门负责路外各类停车设施规划，公安交通管理部门负责违章停车处罚和路内停车设施的施划、管理，物价部门负责制定物价标准等等。由于停车设施的规划、建设、管理与经营涉及规划、建设、公安、交通、工商等多个部门，

各管理部门只能局限在自己的职责范围之内，整体协调难度大，不利于综合利用有限的停车资源，科学统筹停车设施布局、建设、收费等各方面的系统管理。

三、缺乏科学定价

现行的停车收费没有体现停车区域、时段、类型的收费差异，不能充分发挥停车设施的调控作用。交通需求管理政策一般应包括两个方面，一是对机动车拥有量的控制，二是对机动车使用的控制。停车费是构成汽车使用成本的重要因素，停车收费也是控制交通需求量的一个很有力的经济杠杆，特别是对于城市中心区，停车收费是比燃油税更直接、更有效的经济杠杆。从现状来看，我国城市的停车收费方面存在以下问题：①停车收费导向不准，不能适应停车需求管理的形势需要，主要是不适应城市交通发展以及停车设施产业发展的需要，并且灵活性不强。没有体现停车设施类型以及停车区位、时间上的差别，对停车位的使用率、地区交通流的调节以及车辆保有量的发展都难以理性发挥调控作用；②缺乏停车收费相关法规，对停车收费后的责权利没有明确的规定，以致经常发生在收费停车设施丢失车辆后车主与停车设施业主之间的纠纷，收取的费用也未能达到支持停车设施合理发展的作用。

由于对停车设施分价调控作用认识不足，不能充分发挥停车设施应有的调控作用，导致各类停车设施总体利用效率低下，分布不均。如路外与路内收费费率倒挂，造成路外停车设施空闲，路内停车设施周转率低的现象。不仅如此，公共停车设施过低的收费标准，加上禁而不止的无偿随意侵占公共空间进行停车，无疑在客观上刺激了机动车保有量的过快增长，影响城市土地资源的合理、有效利用。

第四章　城市停车行为与特性

受自身条件与外界条件的影响，不同的停车者在选择停车服务时会有不同的行为，不同区域的停车行为也有很大的差异，停车行为人在一定的交通环境下还表现出相应的特性。停车行为与特性体现了停车的根本特点，是分析城市停车供需关系，解析城市停车矛盾的基本依据。分析和掌握停车行为与特性是编制城市停车设施规划与制定停车政策的基础。

第一节　城市停车行为影响因素

停车者在选择停车服务时，供选对象往往不止一个，可以选择路内停车，也可以选择路外停车，停车者综合考虑各种因素最终选择适合自己的停车服务设施[1]。受习惯、偏好影响，停车行为也有不确定性，在相同的环境下，不同出行者可能会做出不同的选择。但就停车者的普遍行为特征而言，停车仍然是一种具有规律性的选择行为，表现为不同停车者对停车设施的选择判断存在共性。停车者选择停车服务的过程一般可作如下分解：首先搜索、选择停车设施的类型；其次对有选择意向的停车设施根据自身和外界条件进行评估，评判停车设施能否在有限条件下满足自身的服务要求；最后做出决策，选择停车或者继续搜索下一个停车位。在上述寻找停车服务的过程中，停车设施的评判是最主要的行为决策过程，停车者在评判停车服务时所考虑的因素及其对各种因素重要性的权衡最终决定停车者的选择结果。因此要掌握停车行为，必须首先了解影响停车行为的因素。一般而言，停车者在评估停车设施时主要受经济因素、使用效率、使用习惯、环境因素以及停车者自身特性、车辆特性的影响。

一、经济因素与停车行为

从经济角度看，停车者选择停车服务的过程是一种消费过程，停车者付出一定的代价来换取与之等值的停车服务，停车者的选择过程也遵循消费者的经济行为规律。经济是影响停车行为的主要因素。

1. 停车收费对停车行为的影响

停车收费是影响停车行为的最为重要的因素之一。根据国外有关研究成果，个人出行的产生条件包括出行机会的产生、出行的效用大于出行的代价等，如果出行的代价大于出行所带来的效益，则出行者会考虑取消出行或者改用更为经济的出行方式[2]。汽车出行的经济代价主要包括汽车燃油费、汽车停车费及汽车的磨损维修费用等，而停车费用

---

[1] 张钧. 城市机动车车辆停放特性分析与停车需求预测研究 [D]. 南京：东南大学交通学院，2005：21~31.

[2] 刘洪启，李辉，史建港，李美玲. 小城市停车调查以及停车特性分析——以江西省吉安市为例 [J]. 交通标准化，2005（5）：61~63.

是其中一个重要的部分。汽车出行者对停车费用存在一定的敏感性。一般而言，由停车者自己支付停车费用时，停车者对于停车费用比较敏感，提高停车费用会使停车者转向选择其他停车设施。国外大量研究表明，停车收费的价格对出行方式选择有较大的影响。当停车收费高过出行者的承受意愿或能力时，出行者会考虑放弃汽车出行方式。尤其是以上班为目的的出行者，由于停车时间较长，停车收费的提高将会明显影响出行者的出行方式选择，一部分开车上班的出行者会改选其他的交通方式。因此，通过调节停车收费价格，可以调控私家车的出行比例。

停车收费对出行目的地也产生明显影响。对于上班、公务等具有固定目的地的出行者而言，停车收费可以影响其出行方式的选择，但一般不会改变其出行目的地。对于购物、娱乐、休闲为目的的出行者来说，目的地有一定的选择余地，停车收费对出行目的地的选择就能产生影响。欧洲许多国家在对城市中心区的停车进行收费管理时，所考虑的一个重要因素就是停车收费水平是否会严重影响购物者的出行目的地选择，中心区过高的停车收费，会使购物者转向外围地区或郊区，从而造成城市中心区的衰落，这个现象已经引起了城市规划者和管理者的重视。因此要达到预期的停车需求管理的效果，必须正确把握停车行为与停车费用的关系，过低或者过高的停车收费都会带来负面的影响。

通过调节停车费用可以有效地调控城市不同区域的停车供需关系、停车设施供应结构和汽车使用率。目前我国公务用车的数量占相当大的比例，这一部分停车者对停车费用不是很敏感，但随着我国城市机动化进程的发展，私家车的比例将逐渐上升，通过调节停车费率来调节停车供需关系将成为非常有力的手段。

2. 停车人员类型对停车行为的影响

不同类型的出行者对停车费用的反应也存在很大的差异，这一差异主要源于停车者对时间价值观念的不同。出行时间和出行费用是出行者对出行成本估值的两个重要方面，出行费用是经济代价，而出行时间则是时间代价。出行者对出行时间与出行费用的认识一般存在以下关系：出行者的时间价值越高，越在意出行时间的节约而相对忽略出行费用的影响；出行者的时间价值越低，越在意出行费用的影响而对出行时间要求相对宽松。

出行者对出行时间的价值估计往往与其家庭的经济收入相关，一般而言，收入越高的群体，出行费用占家庭可支配收入的比例越小，对出行时间的要求越高；收入越低的群体，出行费用占家庭可支配收入的比例越大，相对更介意出行费用的影响。因此停车费用价位的制定应首先了解不同类型人员的时间价值观念，正确把握规划停车设施影响区域内停车者对停车费用的敏感程度，才能恰到好处地利用经济杠杆的作用调控停车供需关系，达到预期的效果。

3. 停车可达时间对停车费用的折减

停车可达时间也会对停车行为产生一定的影响。停车可达时间是指停车到存时间和取离时间，是出行时间成本的一部分，停车可达时间短的停车设施对停车费用有一定的折减作用①②。停车者对停车等待时间的价值估计要高于行驶中的时间价值,这与人的行为心理有关,即人在等待中的时间感受相对更漫长。国外有关研究表明,等待时间的时间价值一般为行驶中时间价值的 1.5~2 倍。因此,停车可达时间越短的停车设施对停车费用的折减程度就越高。

一般而言,停车设施可达性越高则更容易吸引短时间的停车者,因此停车设施可达性越高,停车设施周转率就越高;而可达性低的停车设施的利用者往往停车时间较长,停车设施周转率较低。

停车可达性还对停车设施布局有较大的影响。对于城市中心区,宜采用"分散而小规模"的布局方式,以提高停车设施的可达性,从而提高停车设施的周转率,同时通过分散停车避免大规模停车设施的出入口出现交通拥挤现象;而对于城市中心外围区,则宜采用"集中而大规模"的布局方式,一方面不会对交通系统供应能力形成较大的冲击,另一方面也可以通过停车设施的集中、规模化建设来降低建设和运营成本。

停车可达性对停车设施供应结构也有一定的影响。一般而言,路内停车设施可达性高于路外停车设施,地面停车设施可达性高于停车楼和地下停车设施,相应的,路内停车设施的使用率高于路外停车设施,地面停车设施使用率高于停车楼和地下停车设施。因此对于路内、路外停车设施使用失衡的区域,一方面可通过合理选址,提高路外停车设施的可达性,另一方面也可通过提高路内停车收费价格等手段,促使路内停车向路外停车转移。

二、使用习惯与停车行为

习惯是环境、心理等影响因素综合作用下形成的一种长期的、重复性行为,往往体现人类行为的惯性而不是理性。

停车习惯是在个人偏好、社会环境、停车设施的供应特点等因素的影响下形成的。不同类型的城市的停车习惯有较大的差异,如停车时间长短对停车设施选择的心理差异、大中小城市对步行距离要求的差异等。

停车设施规划与停车政策的制定需要考虑一个城市停车习惯的影响,既要注意尊重城市特有的停车习惯,适应停车者的需求,同时也要从发展进步的角度改变不合理的停车习惯,创造和谐的城市停车环境。

三、环境因素与停车行为

人文环境对停车行为有一定的影响。如不同类型的住宅对应于不同层次的消费群体,居住区档次越高,住户的购买力越强,住宅户均车辆拥有率和对停车服务的质量要求也越高,停车者更注重停车的安全性,而对经济因素不敏感;低档住宅家庭收入相对也较低,停车服务的选择除了安全性外,停车费用的影响较大。

随着城市居民生活质量的提高,对停车环境的要求也在变化。如广州市居住小区停车环境调查表明,12% 的被调查者不在乎停车环境,认为只要有地方停车就行了;有 4%

---

① 王晶晶,武颖娴. 停车场及其他收费问题分析 [J]. 财经界, 2006 (8): 243~244.
② 关宏志,李洋,秦焕美,王兆荣. 基于 TMD 概念调节大城市繁华区域出行方式的调查分析——以停车收费价格调节出行方式为例 [J]. 北京工业大学学报, 2006 (4): 339~341.

的被调查者对小区的停车环境比较满意，认为小汽车提升了他们的生活质量，并且对居住环境无不良影响；51%的被调查者对小区的环境基本满意，认为小汽车停放基本没有给居住环境造成影响；33%的被调查者对小区的停车环境不满意，认为停车设施简陋，缺乏必要的安全及疏散指示。随着小汽车数量的增加以及收入水平的提高，人们对停车环境的安全性、便捷性将会提出更高的要求，停车设施规划应注意与地区环境需求相适应。

四、车辆特点与停车行为

车辆特点影响停车行为，主要表现为公车与私车、本地车与外地车、新车与旧车以及车辆价格的高低等所体现出来的停车行为差异。

公车由于不需要停车者本人承担停车费用，对停车可达时间的要求较高，一般会选择就近停车；私家车需要停车者本人支付停车费用，多倾向于选择成本低的停车设施。

外地车辆一般对停车设施的位置、收费等情况不熟悉，不愿意为寻找、选择停车设施而过多浪费时间，一般以距离目的地最近为原则或按习惯选择停车设施；本地车辆对停车的位置、收费等情况较为熟悉，停车者会综合考虑各方面的影响因素作出选择，一般以服务效用最大化为原则选择停车设施，即选择时间成本、经济成本和服务水平最适合自身要求的停车设施。

车辆新旧程度对停车行为存在影响。新车使用者注重停车安全，在停车选择时相对倾向于选择路外停车，以降低受到损伤的可能性；而旧车使用者一般不会过于担忧这种现象。

车辆品牌、价位对停车行为也存在影响。一般而言，品牌越好、价位越高的车辆对安全性要求高，而相对不在意停车费率的高低。

第二节 城市停车特性分析

城市停车特性是城市停车行为的集计效果与停车供应设施利用程度的体现，反映了城市停车的主要特征、停车设施使用情况以及城市停车供需关系。城市停车特性是城市停车设施规划和评价的主要依据。了解城市停车特性有助于科学进行城市停车设施规划，制定停车政策和管理措施，以更有效地调控城市停车供需结构，优化用地布局。

一、停车目的结构

停车目的指停车者的出行目的，主要有上班、上学、装卸货物、公务、购物、文化娱乐、接送客、回家、餐饮等，停车目的在一定程度上决定了停车者的行为。城市停车设施规划与停车管理措施的制定需要考虑不同区域的停车目的结构对停车泊位供需调控和停车管理政策的影响。根据昆山市停车调查分析，停车目的的时间分布具有一定规律性，上午8点到10点以上班为目的的停车较多，10点到11点以办公为目的的停车较多，下午则有很多装卸货物的停车，晚上多为餐饮、住宿的停车。图4-1为昆山市不同类型停车设施的停车目的构成。

此外，不同停车目的对停车收费的容忍值也存在差异。一般而言，以上班为目的的停车者对停车收费价格的容忍值最低，而以业务、购物、娱乐为目的的停车者对停车收费价格的容忍值则相对要高得多。表4-1为台北市的停车者对停车收费价格的容忍值调查结果统计。可以看出,其中上班对停车收费价格的容忍值最低,有59.3%的停车者的容忍极限为不过超25台币/小时,而餐饮停车者60%容忍值在35台币/小时以上。

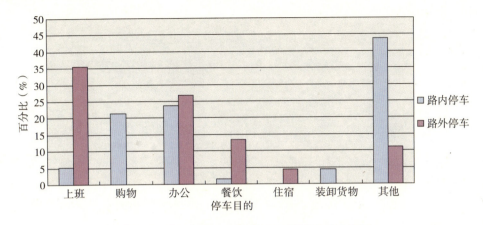

图4-1 昆山市路内、路外停车设施停车目的分布图

台北市按停车目的划分的停车收费价格容忍值比例(%) 表4-1

停车收费	上班	业务	购物	娱乐	餐饮	其他	总计
≤15元台币/小时	4.65	1.06	2.63	16	0	0	3.93
15~25元台币/小时	54.65	23.4	26.32	20	20	23.81	33.21
25~35元台币/小时	27.91	27.66	26.32	20	20	28.57	26.07
35~45元台币/小时	3.49	11.7	5.26	10	10	9.52	7.86
45~55元台币/小时	6.98	11.7	7.89	32	20	14.29	12.14
>55元台币/小时	2.32	24.47	31.58	4	30	23.81	16.79
人数统计	86	94	38	10	10	21	274

不同区域的建筑物周边有着各种目的的停车者,因此停车服务设施的供应结构与收费标准不应一概而论,而需要根据不同停车目的的停车特性差异来配置停车设施,不但要保证停车设施供需数量的平衡,也要保证停车设施供需结构的协调。

二、平均停车时间

平均停车时间是一定时段内所有车辆的停车时间与实际停车量之比的平均值,是反映城市停车设施使用情况的重要指标。平均停车时间长说明停车设施的泊位周转率低,使用效率低,反之则说明停车设施泊位周转率高,使用效率高。平均停车时间计算公式见式4-1。

$$\bar{t} = \frac{\sum_{i=1}^{N} t_i}{N_T} \tag{4-1}$$

式中:$\bar{t}$——平均停车时间(分钟);

N_T——T时间段内的实际停车量(辆);

t_i——T时间段内第i辆停车的停车时间(分钟)。

停车时间的长短与城市规模、城市的不同功能区域、停车设施的类型、停车目的密切相关。不同目的的停车者对停车时间要求存在差异。如上班的停车者停车时间较长,而餐饮、办事等出行者停车时间较短。根据昆山市停车调查,路外停车设施的平均停放时间基本在 2 小时以上，而路内停车设施的平均停放时间在 50 分钟以内。路外停车设施以住宿为停车目的平均停放时间最长，其次是上班，两者均达到 6 小时以上；路内停车以上班为目的的停放时间最长，其次是餐饮与办公。

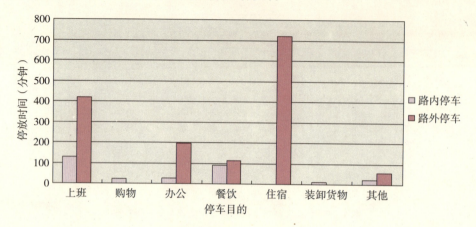

图 4-2　昆山市停车设施停车目的与平均停放时间关系图

我国多数城市尚没有采取措施来限制停车时间，导致路内停车时间偏长，使用效率较低。城市中心区交通拥挤现象较为突出，停车调控政策更应关注限制停车时长问题。

三、停车步行距离

停车步行距离是停车者从停车设施到出行目的地的实际步行距离。停车步行距离对停车者的停车行为有重要的影响，是城市停车的一个重要特性。它反映了停车设施布局的合理程度，也是规划的重要内容之一。

停车步行距离是反映停车者在使用停车设施时的一个行为特性指标，也常用停车后的步行时间来表达。不同目的的停车者停车后步行距离的要求存在差异。如上班的停车者对停车步行距离要求较低，而对停车费与停车安全等因素较为关注，而餐饮、办事等出行者更在乎停车的便捷性，对停车步行距离要求较高。

城市中心区的停车步行距离一般具有以下特点[①]：

（1）停车者的步行距离随城市规模的增大而加长。中小城市的停车步行距离一般在 50~100m 左右，而大城市、特大城市的停车步行距离一般在 100~300m 左右。

不同规模城市典型出行目的的停车步行距离（单位：m）　　表 4-2

调查城市	调查范围	调查时间	面积（km²）	上班	办公	购物	餐饮
上海市	中心城区	2000 年	693.3	148	95	116	77
苏州市	包括古城、工业园区	2002 年	302.4	100	86	124	64
昆山市	中心城区	2008 年	55	48	55	82	54

注：上海市中心城区包括黄浦、卢安、徐汇、长宁、静安、普陀、闸北、虹口、杨浦 9 个区。

---

① 张秀媛，董苏华，蔡华民，李秀敏. 城市停车规划与管理［M］. 北京：中国建筑工业出版社，2006：17~19, 22~31.

（2）停车者在中心区的步行距离因其出行目的不同和停车时间长短而差异较大。一般而言，上班目的的停车时间较长，对停车步行距离的要求较低；而住户则不但停车时间长，因回家、离家时经常携带物品和老人、小孩同行等因素，对停车步行距离的要求也较高；业务出行目的的停车随机性较大，对停车步行距离的要求存在较大的差异，大部分靠近建筑物配建停车设施解决停车位；娱乐和餐饮的停车时间大都在 2~3 小时，餐饮目的的停车对步行距离要求更高，因此在酒店、宾馆前需有相当数量的停车泊位；购物目的的停车时间不长，对步行距离的要求介于平均值之间。表 4-3 为台北市停车目的与可接受停车步行时间之间的关系。

停车目的与可接受停车步行时间之间的关系　　　　表 4-3

容忍值频率（%）	上班	办事	购物	娱乐	餐饮	其他
≤1 分钟	1.16	0	5.26	0	0	0
1~5 分钟	23.36	45.74	31.58	28	40	38.1
5~10 分钟	44.19	32.99	31.58	60	40	33.3
10~15 分钟	20.93	13.83	7.89	4	10	4.76
>15 分钟	10.46	7.54	23.68	8	10	23.84

四、高峰停放指数

高峰停放指数是指高峰时段累计停放车辆数与停车设施容量之比，它反映的是高峰时段停车设施的拥挤程度，同时也是确定停车设施规模的重要依据。高峰停放指数可以用式 4-2 来表示[①]：

$$W_n = \frac{n}{C} \tag{4-2}$$

式中：W_n——高峰停放指数；

　　　n——高峰时段停车数量（辆）；

　　　C——停车设施的泊位数量（个）。

随着城市建设用地开发强度的增大，大中城市的高峰停放指数出现偏高的现象，城市中心商业区的停车设施高峰停放指数甚至超过 1（一般而言，高峰停放指数在 0.8~1 之间比较合理），即停车泊位数量不能满足高峰时的需求，导致大量机动车占路停放。

五、泊位利用率

泊位利用率是指在一定时段内平均每个泊位停车占用时间与总停泊时间的比，反映停车泊位的时间利用效率，表达了停车设施的拥挤程度。平均泊位利用率越高，泊位的时间利用效率也就越高。泊位利用率可以用公式 4-3 来计算[②]：

$$S_n = \frac{\sum_{i=1}^{n} t_i}{C \cdot T} \tag{4-3}$$

[①②] 张秀媛，董苏华，蔡华民，李秀敏. 城市停车规划与管理[M]. 北京：中国建筑工业出版社，2006：17~19，22~31.

式中：S_n——泊位利用率（%）；

t_i——第 i 辆车的停车时间（分钟）；

T——停车设施使用时间（分钟）；

C——停车设施的泊位数量（个）。

泊位利用率的高低反映了泊位的时间利用效率和服务水平的差异。

六、泊位周转率

泊位周转率是指在一定的时间内每个停车泊位平均停放车辆的次数，常用在一天内的累计停放车辆数与停车设施容量的比来表示，它反映的是停车设施泊位的空间利用效率。停放周转率越高，泊位利用效率也就越高。

$$V = \frac{N_T}{C} \tag{4-4}$$

式中：V——泊位周转率（次数/天）；

N_T——一定时间内的累计停放车辆数；

C——停车设施泊位数量（个）。

城市不同区域、不同停车设施的泊位周转率有所差异，城市中心区的泊位周转率要高于中心外围区，路内停车周转率要高于配建停车和路外停车。一般情况下，城市中心区停车周转率在 6~9 次/天，其他区域 3~6 次/天。

第五章 城市停车分区与策略

城市不同区域土地利用的多样性带来交通特点和交通需求的差异,这种区域差异性为停车分区提供了必要性和可行性。因此制定城市停车分区与策略,进行差别化的供应来促进各区域停车设施的集约利用,能够更有效、更准确地支持土地开发利用和城市活动功能,并构建一个整体协调的城市综合交通体系。

城市停车分区与策略的制定是一项从空间上进行停车调控的重要的基本措施,其内涵是针对区域特点调控停车设施布局和停车供需关系,引导城市交通空间的合理分布。城市停车分区控制的目的就是从城市交通的全局出发,统筹安排,因地制宜地针对各区域的不同特点采用相对应的停车控制指标和停车策略,从整体上调节供需结构,促进"公交优先"的实施,以最少的资源实现停车效率最大化和保障城市综合交通体系最佳和谐发展。

第一节 城市停车分区的影响因素

停车分区的划分是针对不同区域的交通特征及规划定位差异采用不同的调控策略,以引导城市交通和谐发展。因此停车分区的划分应考虑到两个方面的影响因素:一是影响城市交通特征的土地利用因素;二是影响停车分区定位的交通政策因素。

城市建设用地是城市活动的载体,城市建设用地特点决定了城市交通活动的空间分布特征,也决定了城市停车在不同用地形态上的特性差异。城市建设用地对停车特性的影响主要表现为人口分布、就业岗位分布、土地利用状态以及道路交通供应水平对停车行为的影响。

交通政策不仅会对城市交通发展产生影响,同时也会通过影响交通来反作用于城市用地,因此交通政策特别是战略性的交通政策对停车分区有着重要的影响。就我国城市而言,对城市停车分区产生重要影响的停车政策主要包括小汽车拥有和使用政策、公共交通发展政策等。反过来,明确了城市停车分区后,就可以更具体、更有针对性地指导制定城市的交通发展政策。

一、人口分布对停车分区的影响

1. 人口密度对停车分区的影响

停车分区应体现不同人口密度产生的停车特征的差异。人口密度越高,人均交通资源的占有率越低,停车设施供需条件紧张;人口密度越低,停车设施供需关系就相对宽松。

人口密度对停车分区的影响还与经济收入水平有关。一般而言,在经济收入水平相当的情况下,人口密度越高,停车需求越大;而在人口密度相当的情况下,经济收入水平越高,停车需求越大。因此在进行停车分区划分时,宜综合考虑人口密度和经济收入水平对汽车拥有量和停车需求的影响。

2. 社会空间分异对停车分区的影响

社会分化是一种客观现象，只要个体存在诸如智力、体力、性别、知识与教育层次、家庭背景等生理、心理和社会经济背景差别，就必然会导致社会流动需求机会的不均衡，由此形成社会群体的分化。

社会分化的结果导致社会分异空间化。不同的社会空间成为不同社会阶层的身份、地位象征，如北京的亚运村紫玉山庄、南京的金陵饭店等，这些场所已经不仅是人们居住、购物消费的场所，而且还是身份地位的标志。

随着我国市场经济和住宅产业化的推进，社会空间在经济层次出现分化，而且分化领域扩大至社会文化、生活方式、价值观念。社会空间分化的作用也在逐渐加强，反映为同一社会空间内群体区域化特征更加明显。由于同一社会空间内的群体多具有经济特征、行为特征的相似性，停车分区的划分应关注、利用好这些特点。

二、就业岗位分布对停车分区的影响

就业岗位密度对停车分区有着显著的影响，决定了调控停车设施供需关系的方向。就业岗位密度越高，对停车设施的数量、规模的要求越高。就业岗位密度高的区域往往也是停车问题最突出的地区。

就业岗位性质也影响停车分区。一般而言，劳动密集型岗位集中区域停车需求较小、对停车服务要求较低；行政办公、信息、金融等知识密集型岗位集中区域则需求量相对大，对停车服务要求较高。从事知识密集型岗位的人员也是近期我国购买小汽车的主要潜在力量，在停车设施规划时应着重关注。

反之，停车分区可以在一定程度上引导就业岗位的分布。不同停车分区的停车配建标准和停车政策差异所造成的级差势能在一定程度上会改变个人或团体的选择行为，从而影响就业岗位的分布，推进用地布局的优化。

三、土地利用对停车分区的影响

土地利用性质的差异在一定程度上决定着停车需求的数量与性质，从而影响停车分区的划分。如居住用地，不同住房类型产生的停车需求差异较大，普通住房产生的停车需求要远远低于高档住房；如旅游地区，城市中心的公园与城市郊区的公园所产生停车需求的性质、强度也存在很大差异。根据美国学者艾维斯上世纪60年代对美国若干城市的研究，在各种土地利用中，商业中心和银行对停车设施的需求量最高，汽车展览馆、图书馆、医院和政府机关对停车的需求量次之，再者为邮局、药店、餐馆、办公楼、专业店和宾馆等。

土地利用强度也影响停车分区的划分。相同性质的用地开发强度不同，交通特点和停车需求相应会产生差异。

四、交通政策对停车分区的影响

城市不同区域可根据道路供给条件、区位条件采取不同的交通政策。为了配合交通政策的实施和推进公交优先战略的实施进程，对于不同政策条件下的区域，停车设施的配置以及管理方式需要差别化对待，因此停车分区应充分考虑交通政策的区别和交通方式整合的需要。

1. 鼓励小汽车拥有和使用政策对停车分区的影响

不同交通方式需要的单位用地面积和对土地利用的直接影响差异显著。基于小汽车化的城市需要30%的道路用地和20%的路外停车设施用地，人均城市建设用地一般需高于150m^2／人。公交系统完善、配置轨道交通城市的道路面积比例一般小于15%。鼓励小汽车使用和拥有政策不仅道路占用的面积大，对停车设施的布局、配置要求也高，在这一政策下，城市蔓延式发展，土地低密度开发。由于汽车出行便捷、自由，各出行方向均具有良好的可达性，城市发展呈现一定的均质特点。在这种小汽车发展政策下，城市停车分区划分的需求不够明显。

我国城市建设用地相当紧张，道路资源相对匮乏，不适合在全市范围实行鼓励小汽车使用和拥有的政策。但是为了配合我国的汽车发展政策，可以允许城市部分区域在一定程度上鼓励小汽车的拥有和使用，如在城市外围道路网络供应相对充足的区域，实行鼓励小汽车拥有和使用的停车政策。

2. 限制小汽车的拥有和使用政策对停车分区的影响

限制小汽车拥有和使用需依靠城市公共交通作为客运交通骨干，提供普遍良好的公共交通服务，同时做好各种换乘枢纽，特别是处理好小汽车与公共交通的换乘关系。在限制小汽车的拥有和使用的政策下，停车分区应着重考虑将换乘枢纽作为关键区域来配置停车设施以及相应的停车政策。

目前我国城市交通拥堵的主要原因是交通供需不平衡。要保持城市交通的可持续发展，必须进行交通需求控制和管理，特别是在城市中心区，要通过公交优先发展和限制小汽车的使用来缓解交通拥挤；在城市中心外围区建立"停车＋换乘"系统，鼓励"停车＋换乘"方式出行，对进入中心区的汽车交通进行拦截，引导来自中心区以外的小汽车交通转换为公共交通，减少中心区的交通压力；对位于中心区的交通枢纽，也应适当设置停车换乘设施，鼓励换乘出行。此外，有必要针对城市中不同区域的具体情况研究确定该区域鼓励与限制小汽车的程度，相应进行停车设施的配置，并利用经济杠杆与行政手段来调节交通拥堵严重区域的机动车辆的使用。

3. 小汽车自主拥有、限制使用政策对停车分区的影响

实行小汽车自主拥有、限制使用的政策，必须对汽车出行的始点停车和终点停车规定不同的停车政策。始点停车主要为居住区域，由于政策上鼓励小汽车的拥有，居住区域应配置相对充足的停车泊位，并保证具有相当的安全性。终点停车主要为工作岗位所在区域以及饭店、文化娱乐场所等，该类区域的停车设施配置与停车管理上应予以相对严格的限制。小汽车的分区限制使用政策是调控交通需求空间分布的有效手段，也是调控停车需求的有力途径。

此外，由于不限制小汽车的拥有，因此汽车拥有率会明显高于限制小汽车拥有的情况，做好公共交通枢纽的停车设施配置与管理是非常必要的。因此停车分区时应对换乘枢纽区域着重对待。

五、公共交通发展战略对停车分区的影响

从国外城市公共交通发展历程中正反两个方面的经验看,当区域经济正处于或即将快速发展时,交通投资对土地利用发挥的作用最大。著名城市社会学家豪默·霍伊特早在半个世纪之前就指出:"城市的发展形态在很大程度上受城市主要发展阶段主要交通工具的影响"。

目前我国正处于经济快速发展的阶段,多数城市开始进入或者正处于经济快速增长的阶段,抓住时机建设以公共交通为主体的城市客运骨干,引导城市有序发展,实施城市可持续发展战略是非常重要的。如果错失当前这个发展公共交通的良机,而导致私家车无序快速增长,今后再扭转这个不适合我国国情和可持续发展要求的趋势,必然会付出更大的代价,并且也未必能取得理想的效果。

公交优先战略同时也就意味着限制小汽车使用,因此需要采取停车调控措施予以支撑。公共交通的服务水平与小汽车的使用存在着密切的负相关关系。相同条件下,公共交通可达性越好,服务水平越高,则小汽车的出行比重越低,停车需求也越小;反之,停车需求越大。因此在提高公交服务性能的同时也应对公交优先战略重点实施区域严格控制停车配建指标,并通过停车收费价格等手段限制小汽车的使用,抑制停车需求,引导出行向公共交通方式转移。对于公交与小汽车竞争发展的区域,应采取适中的停车政策,保障公交与小汽车适度竞争发展的良性平衡状态。从国外典型公交都市的发展经验来看,停车政策的制定也是与该地区所实行的公共交通政策是密切相关的。表5-1为国外部分公交都市对停车的限制措施。

部分典型公交都市的停车限制措施一览表[①]   表5-1

城市	停车限制措施
斯德哥尔摩	(1) 中心城区禁止路内停车; (2) 停车收费率由外围区向中心区逐级递加; (3) 在地铁车站周围,停车位设置标准明显减低,每个工作岗位只配一个车位; (4) 高额的机动车增值税和车辆登记费
哥本哈根	(1) 降低中心区的停车位配建标准; (2) 限制路内停车; (3) 从税收上限制小汽车的拥有和使用; (4) 限制购买大型、高油耗的小汽车,车辆购置税随着车的重量和发动机的排放量增大而增加
新加坡	(1) 通过高额征收小汽车的注册费、燃油税、附加税,限制小汽车的拥有; (2) 通过划定"限制区"高额征收通行费,限制小汽车的使用; (3) 政府统一运营管理除路内停车外的其他公共停车设施,高额征收停车费,同时在中心区还设置停车附加费
慕尼黑	(1) 大幅减少路内停车,尤其是在火车站附近和城市中心地区; (2) 在旧城区内部和周边修建计时收费停车设施; (3) 提高停车费用,避免长时间停车; (4) 在市中心地区禁止修建路外停车设施,整个城市的社区停车必须有许可证
库里蒂巴	(1) 限制市区内的路内停车,只允许短时停车; (2) 路外停车高额收费

---

① 罗伯特·瑟夫洛. 公交都市 [M]. 宇恒可持续交通研究中心译. 北京:中国建筑工业出版社,2007: 76~79, 95~98, 114~117, 156~172, 196~218.

六、道路系统供应水平对城市停车分区的影响

道路系统的供应水平对城市停车分区有着重要的影响。为了保持分区内政策的一致性，同一分区的道路系统供应水平不能差异太大，停车分区应与道路网的功能、结构、服务水平、公交发展及服务水平相协调。道路系统供应水平对城市停车分区的影响主要体现在路网密度、道路等级、道路可利用条件、道路服务水平、公交服务水平等五个方面。

路网密度是道路供应水平的主要衡量指标，是道路供应水平影响停车分区的首要因素。在其他条件相同的情况下，某区域内路网密度越高，道路网供应水平也越高，静态交通对动态交通的影响越小，停车限制应越趋于宽松。但是在一般情况下，路网密度与路网的服务水平不一定成正比。如多数城市的中心区虽然道路网密度较高，但相对交通需求而言，道路网的供应水平仍然不足，特别是早晚高峰时段交通拥堵严重。而对于城市中心外围区，道路网密度较中心区为小，但交通需求强度较低，道路设施的供应水平则相对高于城市中心区。

不同等级的道路所承载的功能不同，对停车设施配置的要求也有所差异。一般而言，交通性道路以服务通行为主要目的，应尽量减少静态交通对该类道路的干扰；生活性道路则兼具服务通行和生活便捷的功能，在保障该类道路达到一定服务水平的条件下，应强化与停车设施配置的协调，提升停车服务的便捷性。

道路系统的可利用条件对停车分区也有一定的影响。相同道路供应水平情况下，道路可利用条件高的区域相对可利用条件低的区域可以适当放宽停车配建与停车控制。与欧美等发达国家相比，我国的部分城市、部分区域的道路供应水平与之相当，但道路网的通行能力却相对较低，其主要原因除了我国交通出行结构复杂，非机动车和机动车相互干扰大之外，城市支路利用率低是限制网络通行能力的主要原因之一。欧美等发达国家的支路利用率较高，例如公交车可以使用小区内部道路在小区内部停留，大大节约了乘坐公交车的步行时间和等车时间，道路通行能力得到很大提高，而我国多数的住宅、公共建筑都有围墙，支路的利用受到限制。因此在考虑道路供应水平对停车的影响时，需要针对我国城市道路网络的利用水平特点具体分析。

道路服务水平反映了道路的供需关系，在一定程度上决定了对静态交通引导的基本方向。道路服务水平越低，说明供需关系越紧张，应对静态交通加以限制，减少对动态交通的干扰，保证道路服务水平；反之应加强停车设施供应，引导小汽车在该类区域的使用，提高道路使用水平。停车设施的供应既要满足静态的停车需要，又要协调动态的交通需求，达到动静交通平衡。

道路系统所承载的公交服务水平对停车分区也存在一定的影响。对于公交线路集结的公交走廊区域内，由于公交服务发达，应对走廊两侧的停车设施配建水平进行严格控制，同时尽可能避免配置路内停车泊位，并加强接驳体系建设，进一步提升公交服务水平，以强化公共交通的主体地位；而对于公交线路稀疏、无法承担主体引导功能的区域，由于公交服务欠发达，则应适当放宽对停车设施配置的限制，适当提高停车服务水平，协调私人交通与公共交通的竞争互补关系，引导小汽车的适当使用，提高道路资源利用

率，促进出行结构的良性发展。

第二节　城市停车分区划分

一、划分目的

划分城市停车分区应统筹调控、服务全局，针对交通特征差异将城市划分为若干区域，为停车设施供需关系、供应结构等对策的分区域确定提供基础条件。城市停车分区划分目的主要体现在以下几个方面：

1. 通过划分停车分区，合理分配交通资源，使停车资源合理共享与高效利用，实现地区停车供需平衡，促进交通战略目标的实现，保障城市机能正常高效运转，落实和促进公共交通优先发展，最终实现以静制动、动静协调的停车发展理念，形成整体、节约、高效的综合交通系统。

2. 通过划分停车分区，协调停车与土地利用的关系，使不同区域的土地开发与出行方式合理匹配，为土地的分区利用提供支撑，引导小汽车与公共交通在不同区域各自充分发挥优势作用，促进社会和谐。

3. 通过划分停车分区，对不同区域制定和实施差别化的停车发展政策、差别化的停车设施供应策略和差别化的停车管理、经营措施，形成停车的政策、配套及管理单元体系，提供差别化的停车服务，以便于交通组织与管理。

二、划分原则

1. 相邻分区差别化。相邻停车分区应具有鲜明的不同特征，体现不同区域、不同群体的停车行为与停车特性的差异，便于停车的差别化服务、管理与经营。如果相邻地区之间的停车行为特征相同或近似，应作为同一分区或同一类分区，以便统一政策和管理措施。

2. 与城市功能分区相协调。城市功能分区的界限鲜明，不同的功能区域的用地、经济、人口以及道路网密度、公交线路密度等因素体现的交通特性有所差异，对停车服务的要求也存在差异。停车分区应体现梳理交通、调控交通、服务全局的理念，当停车分区与城市功能分区出现差异时，应充分考虑城市交通对城市功能发挥的服务、导向作用，相互协调、适时调整。

3. 与城市交通分区相协调。为促进城市交通的可持续发展，对城市不同的分区制定不同的交通发展策略与调控政策，以引导城市功能健康、和谐发展。城市停车作为城市交通的一部分，其政策应保证与城市交通发展战略、城市交通调控政策的一致性。目前我国提出了大力发展城市公共交通、实施公共交通优先的城市交通发展战略，在大城市中完善以公共交通为主的公共交通体系。停车分区需要重点考虑这一战略对不同区域停车政策要求的差异性。

4. 界限明确，便于配套规划与管理。停车分区边界应形成明显的、便于管理的物理界限，在停车政策实施上应具有可操作性。

三、划分方法

受人口分布、就业岗位、土地利用、交通政策、交通发展战略和道路系统供应水平等因素的综合影响，以及城市发展背景的差异，通常难以通过单一影响因素的分析来得出一种通用性的停车分区方法。可以考虑用因素法和经验法两种方法来进行停车分区划分。

1. 因素法

因素法是将影响停车分区的因素按一定特征进行归类,并用每一类特征来表达不同停车特征分区的方法,可分为"单一因素"和"综合因素"两类方法。因素法的特点是简单易行,但停车分区仅与所考虑的因素有关,存在一定的片面性,此外,这一分法宜将城市划分为相对独立的区域,但不易于规划管理的落实。

当某种单一因素的变化能够表征停车特征的差异,或者多种因素对停车特征的影响具有较强的相关性而可以用一种因素来表征停车特征的差异时,可以用该单一因素作为停车分区划分的依据;当多种因素对停车特征都有相关影响且无明显主要因素时,可以考虑按综合因素进行停车分区。衡量一种因素对停车特征的影响程度可用主成分分析法来确定。

主成分分析法是在各个变量之间相关关系研究的基础上,用较少的新变量代替原来较多的变量,且使这些新变量尽可能多地保留原变量所反映信息的一种方法[1]。假定有 n 个地理样本,每个样本共有 p 个变量描述,这样就构成了一个 $n \times p$ 阶的地理数据矩阵:

$$X = \begin{pmatrix} X_{11} & X_{12} & \Lambda & X_{1p} \\ X_{21} & X_{22} & \Lambda & X_{2p} \\ \Lambda & \Lambda & \Lambda & \Lambda \\ X_{n1} & X_{n2} & \Lambda & X_{np} \end{pmatrix} \tag{5-1}$$

为了从多变量的数据中抓住事物的内在规律性,需要进行降维处理,形成几个综合指标来代替原来较多的变量指标,而且使这些综合指标既能尽量多地反映原指标所反映的信息,同时它们之间又是彼此独立的。一般取原来变量指标的线性组合,并适当调整组合系数,使新指标之间相互独立且代表性最好。记原来的变量指标为 $x_1, x_2, \cdots, x_p$,它们的综合指标—新变量指标为在 $z_1, z_2, \cdots, z_m$ ($m \leq p$)。则,

$$\begin{cases} x_1 = l_{11}x_1 + l_{11}x_2 + \Lambda + l_{1p}x_p \\ x_2 = l_{21}x_1 + l_{22}x_2 + \Lambda + l_{2p}x_p \\ \Lambda \Lambda \Lambda \Lambda \Lambda \Lambda \Lambda \Lambda \Lambda \Lambda \Lambda \Lambda \\ x_m = l_{m1}x_1 + l_{m2}x_2 + \Lambda + l_{mp}x_p \end{cases} \tag{5-2}$$

在式 5-2 中,系数 l_{ij} 由下列原则来决定:①z_i 与 z_j ($i \neq j$; $i, j = 1, 2, \cdots, m$) 相互无关;②z 是 $x_1, x_2, \cdots, x_p$ 的一切线性组合中方差最大者;z_2 是与 z_1 不相关的 $x_1, x_2, \cdots, x_p$ 的所有线性组合中方差最大者;$\cdots$;z_m 是与 $z_1, z_2, \cdots, z_{m-1}$ 都不相关的 $x_1, x_2, \cdots, x_p$ 的所有线性组合中方差最大者。

这样决定的新变量指标 $z_1, z_2, \cdots, z_m$ 分别称为原变量指标 $x_1, x_2, \cdots, x_p$ 的第一,第二,$\cdots$,第 m 主成分。其中,z_1 在总方差中占的比例最大,$z_2, z_3, \cdots, z_m$ 的方差依次

---

[1] 朱道元,吴诚鸥,秦伟良. 多元统计分析与软件 SAS [M]. 南京:东南大学出版社,1999:322~324.

递减。在实际问题的分析中,常挑选前几个最大的主成分,这样既减少了变量的数目,又抓住了主要矛盾,简化了变量之间的关系。

从以上分析可以看出,找主成分就是确定原来变量 x_j ($j=1, 2, \cdots, p$) 在诸主成分 z_i ($i=1, 2, \cdots, m$) 上的载荷 l_{ij} ($i=1, 2, \cdots, m$; $j=1, 2, \cdots, p$),它们分别是 x_1, x_2, $\cdots$, x_p 的相关矩阵的 m 个较大的特征值所对应的特征向量。

按照上述主成分分析的基本原理,可以把主成分分析计算步骤归纳如下:

①计算相关系数矩阵

$$R = \begin{pmatrix} r_{11} & r_{12} & \Lambda & r_{1p} \\ r_{21} & r_{22} & \Lambda & r_{2p} \\ \Lambda & \Lambda & \Lambda & \Lambda \\ r_{p1} & r_{p2} & \Lambda & r_{pp} \end{pmatrix} \tag{5-3}$$

在式 5-3 中,r_{ij} ($i, j=1, 2, \cdots, p$) 为原来变量 x_i 与 x_j 的相关系数,其计算公式为:

$$r_{ij} = \frac{\sum_{k=1}^{n}(x_{ki} - \bar{x}_i)(x_{kj} - \bar{x}_j)}{\sqrt{\sum_{k=1}^{n}(x_{ki} - \bar{x}_i)^2 \sum_{k=1}^{n}(x_{ki} - \bar{x}_j)^2}} \tag{5-4}$$

因为 R 是实对称矩阵(即 $r_{ij} = r_{ji}$),所以只需计算其上三角元素或下三角元素即可。

②计算特征值与特征向量

首先解特征方程 $|\lambda I - R| = 0$ 求出特征值 λ_i ($i=1, 2, \cdots, p$),并使其按大小顺序排列,即 $\lambda_1 \geq \lambda_2 \geq \cdots \geq \lambda_p \geq 0$;然后分别求出对应于特征值 λ_i 的特征向量 e_i ($i=1, 2, \cdots, p$)。

③计算主成分贡献率及累计贡献率

主成分 Z_i 的贡献率:$\lambda_i / \sum_{k=1}^{p} \lambda_k$ ($i=1,2,\Lambda,p$),累计贡献率 $\sum_{k=1}^{m} \lambda_k / \sum_{k=1}^{p} \lambda_k$

一般取累计贡献率达 85%~95% 的特征值 λ_1, λ_2, $\cdots$, λ_m 所对应的变量为第一,第二,……,第 m ($m \leq p$) 个主成分。

(1) 按单一因素进行的分区

当单一因素的累计贡献率超过 85% 时,可按该因素进行停车分区。人口分布、就业岗位、土地利用、交通政策与发展战略、道路系统的相对供应水平均可成为划分因素。

①人口分布。按人口密度大小将城市区域分为高密度、中密度、低密度三类地区,按人口特点也可以分为高收入、中收入、低收入三类地区。按照两种因素的组合可以得到 9 种特征分区:高密度、高收入;高密度、中收入;高密度、低收入;中密度、高收入;中密度、中收入;中密度、低收入;低密度、高收入;低密度、中收入;低密度、低收入。进一步将停车需求类似的区域进行合并,得到按人口分布划分的 7 种停车分区,见表 5-2。

按人口分布进行的停车分区　　　　　　　　表 5-2

停车分区	分区特征
1	低密度、高收入
2	高密度、高收入
3	高密度、中收入；中密度、高收入
4	中密度、中收入
5	中密度、低收入；低密度、中收入
6	低密度、低收入
7	高密度、低收入

②就业岗位。按就业岗位密度可以分为高密度、中密度、低密度三类地区，按就业岗位性质可以分为劳动密集型地区和知识密集型地区。按照上述两种因素的组合可以得到6种特征分区：高密度、劳动密集型；高密度、知识密集型；中密度、劳动密集型；中密度、知识密集型；低密度、劳动密集型；低密度、知识密集型。进一步归类为三种停车分区，见表 5-3。

按就业岗位进行的停车分区　　　　　　　　表 5-3

停车分区	分区特征
1	高密度、知识密集型
2	高密度、劳动密集型；中低密度、知识密集型
3	中低密度、劳动密集型

③土地利用。土地利用状态决定停车需求的性质，开发强度的高低决定停车需求强度的大小。特别是对于商务区和居住区，开发强度差异而导致的停车需求差异不容忽视。考虑到停车分区的适当简化更利于停车政策的实施，按土地利用状态可将停车分区划分为高强度开发商务区、中低强度开发商务区、高强度开发居住区、中低强度开发居住区、工业区、交通枢纽区、环境保护区、其他区域。

按土地利用形态和强度进行的分区　　　　　　　表 5-4

停车分区	分区特征
1	高强度开发商务区
2	中低强度开发商务区
3	高强度开发居住区
4	中低强度开发居住区
5	工业区
6	交通枢纽地区
7	环境保护区
8	其他区域

④交通政策与发展战略。按交通政策划分为公共交通优先发展区、公共交通与小汽车平衡发展区、支持小汽车发展区。

按交通政策与发展战略进行的分区　　　　　　　　　　　　表5-5

停车分区	分区特征
1	限制小汽车发展
2	小汽车与公共交通协调发展
3	鼓励小汽车发展

⑤道路系统的相对供应水平。按道路系统的相对供应水平划分为高供应水平区域、中供应水平区域、低供应水平区域。

按道路系统的相对供应水平进行的分区　　　　　　　　　　表5-6

停车分区	分区特征
1	高供应水平
2	中供应水平
3	低供应水平

（2）按综合因素进行的分区

当单一因素的贡献率小于85%时，采用综合因素进行分区。一般情况下可采用土地利用状态和道路供应水平两种因素进行分区。

①人口分布、就业岗位分布是土地利用状态与强度的体现，按人口分布、就业岗位分布进行的停车分区划分与按土地利用状态和强度进行的分区划分之间存着相关性。

②道路供应水平在一定程度上决定了交通发展战略与发展政策的方向。道路供应水平低的区域不存在鼓励小汽车发展交通的基本条件，应鼓励公共交通发展以缓解交通拥挤；道路供应水平高的区域可考虑采用适度鼓励小汽车交通的政策。

综合因素下的停车分区将土地利用状态与道路系统的供应水平结合起来，同时需要考虑停车分区的适当简化，以有利于停车政策的实施。具体的分区方法见表5-7。

停车分区划分一览表　　　　　　　　　　　　　　　　　　表5-7

停车分区	土地利用状态	道路供应水平
1	高强度开发商务区	高供应水平
2		中低供应水平
3	中低强度开发商务区	高供应水平
4		中低供应水平
5	高强度开发居住区	高供应水平
6		中低供应水平
7	中低强度开发居住区	高供应水平
8		中低供应水平
9	工业区	中低供应水平

续表

停车分区	土地利用状态	道路供应水平
10	交通枢纽地区	高供应水平
11	环境敏感区	低供应水平
12	其他区域	高供应水平
13		中低供应水平

2. 经验法

经验法是根据经验将城市按停车矛盾程度的差异划分成不同区域。经验法依赖于划分者对城市的规划、交通问题的熟悉程度和把握能力，在规划实施上一般更易于操作，但科学性较差。目前我国多数城市的停车分区以经验法为主进行划分。

①北京市停车分区划分方法

2004年初的调查表明，北京市中心城区停车供需矛盾较为突出，高达27%的出行车辆随意停放，高峰时段随意停车总量约15万辆左右；与此同时，夜间车位不足的问题日益严重，2004年初中心城区客车车位约100.5万个，但是方便夜间停放的自备车位仅为62.5万个，其中居住小区43.7万个车位停放车辆40.1万辆，公共建筑40.0万个车位停放车辆20.2万辆，各类公共停车位6.8万个，停放车辆2.2万辆，另有约38万辆夜间随意停放。今后几年，北京市民用机动车保有量的年增长率仍会保持在10%左右，城市停车需求仍然面临较为严峻的增长态势[1][2]。

北京中心城区规划范围约1040km²，四环以内约298km²。旧城区、二环以外四环以内地区、四环以外的外围新区等不同区域的停车特征与停车矛盾具有明显差异。北京市划定停车分区时主要考虑以下因素：

不同区域的土地利用性质与强度的影响。旧城区既是政治、文化中心的核心所在，也是北京历史文化名城保护的重点地区，需要正确处理好历史文化名城保护与城市现代化建设的关系；四环路以内各类城市中心功能聚集，人口就业密集，规划将形成中心区、中关村、奥体公园三大次中心；四环路外围重点完善边缘集团的功能结构，严格控制中心建设规模。

不同区域的历史文化背景、环境容量与质量的影响。北京市旧城区各类历史文化保护地区和建设控制区范围达到旧城总面积的42%，人口密度随着离中心的距离增加而下降，其中四环内、五环内以及五环外的人口密度分别为1.97万人/km²，1.26万人/km²，0.44万人/km²，人口密度差距非常明显；旧城区的就业岗位密度更高达近郊区的10倍，形成的高强度交通流导致市区交通拥堵和污染严重，影响了旧城区的生活质量，营造与古城风貌相适应的"绿色、宁静、安全"交通环境的呼声也日益提高。

不同区域的交通设施供应水平的影响。城市道路网络设施水平、停车设施水平、轨

---

[1] 元海英. 北京市停车换乘设施规划研究 [D]. 北京：北京工业大学，2005：25~28.
[2] 杨军. 北京市西城区公共停车现状分析与需求预测研究 [D]. 北京：北京交通大学，2005：12~18.

道线网与公交线网水平分布不均,外围地区交通设施规模大,平均网络密度和道路设施面积率均有较大的差距,在外围地区继续大规模建设道路设施的同时,二环以内旧城区甚至四环以内道路网络的改善条件日益苛刻,只能通过大力发展公共交通,优化出行结构作为改善交通的主要手段。

不同区域的交通运行与出行特征的影响。现状二环以内平均道路网络饱和度达到 0.88 左右,主要干路的高峰时段平均行程速度仅为 15~18km/h,四环以外其他地区的路网平均饱和度约为 0.30,交通运行状况较为宽松。二环以内旧城区现状客流强度为 11.4 万人次/km^2,是近郊区的 3.6 倍;旧城区机动车生成强度为 0.21 万车次/km^2,是近郊区的 3 倍;在旧城区交通供需紧张的情况下,旧城区的小汽车使用率与近郊区相当,进出旧城的小汽车出行比例与全市范围内小汽车出行比例几乎一致;旧城区交通中外来交通比例达到 70% 以上,而四环以外车辆出行的 50% 为向心交通,以上出行特征均表明采取差别化的停车政策将可能取得明显成效。

北京市停车政策分区方案　　　　　　　　　　　　表 5-8

分区	分区考虑要素	分区范围
一类区	(1) 历史文化名城保护,中心城区,核心区; (2) 强中心用地结构,建筑总量较高; (3) 人口就业密度过高,潮汐式交通需求,网络结构性矛盾难以调整; (4) 各种交通问题集中,强调需求管理,倡导公交优先; (5) 供需矛盾最为突出,停车用地紧张; (6) 居民拥有机动车需求难以有效抑制	(1) 二环以内,旧城区 62km^2; (2) 禁止区:步行街、机动车禁止区; (3) 严格管制区:皇城区、旧城历史文化保护区; (4) 管制区:旧城其他地区; (5) CBD 地区、中关村科技园中心区、奥体公园中心区
二类区	(1) 居住、就业疏散区; (2) 大量在建、待建项目,城市建设热点地区; (3) 各种交通方式之间竞争激烈,协调难度最大,交通体系尚未形成,未来交通状况不容乐观,机动车总量最大,车辆拥有水平持续攀升	(1) 二环以外,四环以内地区面积约 236km^2; (2) 中关村科技园其他地区; (3) 奥体公园规划区其他地区
三类区	(1) 城市外围建设重点地区,新的人口增长地区; (2) 城市化进程明显加快,建设向建成区逐步过渡; (3) 出行方式多样化,公交优先; (4) 多方式协调衔接,鼓励停车换乘; (5) 车辆拥有量增长加速	(1) 四环以外,五环以内地区面积约 352km^2; (2) 十大边缘集团与外围重点发展区
四类区	(1) 出行环境宽松,交通便利,方式多样化; (2) 人口、就业密度低,城市化水平偏低; (3) 车辆拥有与发展相对缓慢; (4) 非城市建设重点地区,成片建设项目少	(1) 五环以外地区; (2) 五环以外城八区,面积约 720km^2

北京市停车分区划分的特点是以各环路为界限,简单易行,便于管理,分区界限在一定程度上也是交通政策、人口密度、工作岗位等特征分布的拐点,因此划分方法与因素法的基本思想是相同的。

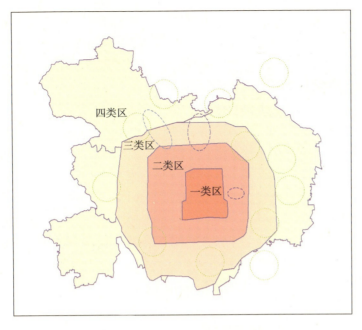

图 5-1 北京市城市停车分区示意图

②广州市停车分区

广州市在进行停车分区时主要考虑了规划发展政策、土地利用性质、土地开发模式、区域停车供应、经济活动强度、路网容量、公共交通服务水平等 7 个因素的影响。

不同区域规划发展政策的影响。目前已经在中心区范围内对货车限制行驶区域和时间；随着将来中心区交通的日益紧张，将大幅提高中心区停车设施收费价格，并且不排除类似新加坡"区域通行许可证"的措施来抑制进入中心区的交通量，保持道路交通畅通。所有这些措施都将会抑制相关分区范围内过旺的交通需求。

不同区域土地利用性质的影响。用地越混杂，越密集，区内的短距出行的比例会上升，对小汽车出行的依赖越小，停车需求也相应越小；反之，用地越分散，功能分区越明确，出行距离越大，则小汽车出行的比重越大。

不同区域土地开发模式的影响。随着城市主骨架路网和轨道交通的建设，城市布局形态迅速被大量的成片开发拉开，开发项目以房地产为主，主要集中在密度二、三区，尤其是交通便捷的区域，如地铁站附近；而在密度一区主要以点式开发或旧城改造为主。

不同区域停车泊位供应的影响。密度一区原有建筑物的停车泊位不足，加上旧城改造难度较大，公共停车设施较难设置，停车矛盾非常突出；密度二区属于发展中的区域，由于规划管理部门在实际操作中及时提高了配建指标，使得该区域新开发项目的配建停车泊位比较充足，停车矛盾较小；密度三区，属于欠开发地区，发展比较好的地方主要是交通主干道沿线区域，需要对配建停车泊位预先控制，尤其是居民区；密度四区，总体上放宽，单点公共建筑的配建停车泊位控制比较严格，主要通过交通影响分析予以确定。

考虑不同区域经济活动强度的影响。经济活动强度越高，出行次数越多，则城市交通需求越大，车辆出行和停放的总量越高，停车设施需求也越高。经济活动强度基本上从密度一区到密度四区逐步递减，带来停车设施需求也呈递减态势。

不同区域路网容量的影响。一方面，当道路交通量趋近路网通行能力，即路网面临饱和状态时，路网的服务水平急剧下降，车辆出行的时间成本大大提高，迫使人们转向其他出行方式，或者干脆不出行；另一方面，面对这种局面，势必在这些地区采取某些限制性政策措施，如大幅度提高停车收费标准、实行区域通行证、提供高水平的公共交通服务设施等，经过一段时间的实施，将会有效减少对该地区小汽车停车泊位的需求。广州市道路网密度、路网容量限制由密度一区到密度四区呈递减趋势，静态交通对动态交通的影响程度也相应呈递减趋势，停车分区应体现不同区域路网容量的差异。

不同区域公共交通服务的影响。公共交通可达性越好，公交服务水平越高，则小汽车出行的比重越低，停车需求也越小；反之则停车需求越大。同时，也要考虑到停车设施布局对公交发展的反作用，通过合理布局，鼓励采取公交方式出行，理性使用车辆出行。广州市由密度一区至密度四区，在公交线网密度、公交可达性方面呈递减趋势，各区域公共交通与小汽车交通的定位也有所不同。停车分区对不同区域公共交通服务的差异应予以体现。

在此基础上对城市停车分区的影响因素进行综合协调，将整个城市规划区划分为四级停车管理区域，并与城市规划密度区保持一致，保证了城市规划建设管理的协调统一。

图5-2 广州市城市停车设施密度分区示意图

广州市停车分区及主要分区特征　　　　表 5-9

分区	密度一区	密度二区	密度三区	密度四区
土地使用模式	用地高度混杂、人口高度密集	一定程度混杂、密集开发，人口、就业岗位分布紧密	用地功能明确，开发密度低，人口、就业岗位分散布置	农田为主，沿公路少量开发
道路交通状况	路网结构不合理，道路容量有限，交通十分拥挤，高峰时段大面积塞车，无拓展路网潜力	路网结构趋于合理，道路容量有限，高峰局部地区短暂塞车，拓展路网的潜力较小	干路网发达，交通顺畅，有较好条件进行支路网的规划建设	道路网发展潜力较大，交通通畅无阻
公共交通条件	线网发达，供应充足，可达性非常好	线网比较发达，供应良好，可达性好	线网稀疏，供应有限，可达性差	线网严重不足，供应十分有限，可达性较差

四、不同划分方法的适用性

城市所处发展阶段不同，面临的交通环境不同，交通发展战略与发展政策也有所差异，因此停车分区方法和停车控制指标不能一概而论，简单套用。一般情况下，因素法和经验法分别适用于以下两种情况：

（1）因素法。适用于城市布局没有明显的物理界限如河流、铁路、快速路等分割或城市功能分区不够明显的情况，城市区域可以明显按一种或几种因素划分为不同的区域，但区域个数不宜过多，相同类型的区域在地理界限上不宜过于分散。

（2）经验法。城市停车矛盾复杂，城市区域按一种或几种因素进行的划分会将城市划分为比较零散的区域；城市功能分区明显，各功能分区之间存在明显的物理界限的分割，由物理界限分割而形成的区域内停车特征较为类似。

从北京和广州的停车分区划分方法来看，经验法虽然简单易行，但也是以因素分析为基础的；因素法分析更为细致，但划分区域不便于管理。可以经验法为主划分分区，以因素法对划分结果进行分析校验，作必要的调整。

划分停车分区应综合分析以下内容：

（1）城市总体规划。城市总体规划决定了城市交通发展的目标和形态，准确理解城市总体规划才能正确把握城市交通发展的整体意图。

（2）城市交通发展战略。是指城市目前采用的交通发展战略，包括公交优先战略、小汽车发展战略以及城市的其他交通发展战略。

（3）城市人口、就业情况。包括城市居住人口的分布、密度；流动人口的分布、密度；就业岗位的分布、密度[①]。

（4）城市道路供应水平。停车设施泊位配置规模必须与周边路网的容量协调一致，把握道路供应水平对停车位的限制对分区停车控制是必须的。

（5）城市交通设施状况。包括城市的机动车拥有情况、交通设施供应水平、交通管理设施情况等。

---

① 陈峻，周智勇，王炜. 城市停车设施片区指引优化模型及评价方法 [J]. 南京：东南大学学报，2006（1）：151~152.

(6) 城市中心区交通状况。中心区一般是城市中停车矛盾最为突出的地段之一，有必要对中心区进行重点分析，以确定是否将中心区作为独立的分区单元实施停车设施配建及相关政策。

(7) 公共交通发展水平。公共交通的发展水平是影响停车设施配置的重要因素。公交优先战略的实施往往与停车限制政策是分不开的，停车限制是公交优先战略不可缺少的部分。

(8) 城市交通枢纽。交通枢纽的停车政策与城市交通发展战略密切相关，如果采用鼓励步行、自行车以及其他非小汽车方式换乘的模式，则应该在交通枢纽采取限制小汽车停车的策略；如果鼓励小汽车在交通枢纽处换乘，则应该配建足够的机动车停车泊位，并采取鼓励停车的价格政策。

停车分区划分主要研究内容　　　　表 5-10

序号	研究对象	主要分析内容
1	城市总体规划	城市总体用地布局状况，城市交通发展的战略和目标等
2	城市交通发展战略	城市所采用的交通发展战略，包括公交优先战略、小汽车发展战略以及城市的其他交通发展战略
3	城市人口、就业情况	城市居住人口的分布、密度；流动人口的分布、密度；就业岗位的分布、目的
4	城市道路供应水平	分区道路网长度、道路网密度、道路网结构等指标
5	城市交通设施状况	城市的机动车拥有情况、交通设施供应水平、交通管理设施情况等
6	城市中心区交通状况	中心区交通需求和供应状况，交通运行质量等
7	公共交通发展水平	公交设施发展水平、公交服务水平、大众满意度等
8	城市交通枢纽	交通枢纽的规划布局、交通枢纽类型和主要换乘方式等

第三节　城市停车分区的调控措施

城市停车设施规划最终要落实到空间布局上，因此有必要将分区调控与分类、分时、分价调控结合，全局着手、统筹安排，针对不同区域采取相应的停车供需关系、停车设施结构、停车设施管理、停车设施经营等调控措施，为停车设施供需分析奠定基础。

一、停车供需关系的分区调控

对于需要"限制供应"的分区，由于该类区域道路设施系统容量不足，同时在城市交通战略发展定位中也确立了以公共交通为主体的发展目标，停车设施配建应"总量控制、适度供给"，抑制机动车的出行量。停车设施供应水平适当低于城市交通需求水平，在停车泊位供应上采取"限制供应"模式，使白天停车需求特别是长时间停车需求保持适度饥渴状态。在居住区自备车位适度供给的基础上，通过限制配建额度平衡公共建筑的车位需求，通过需求管理限制车辆的使用，并可以规定配建车位的开放比例，以提高停车设施使用效率缓解车位不足的矛盾。该类分区的停车设施供应调控系数宜取

0.8~0.9。

对于交通矛盾不突出，公共交通线网不够密集，同时在城市交通发展战略定位中，公交供应水平无法确立主体引导地位的区域，停车泊位供应宜采取适度发展的"平衡供应"模式，提供相对充裕的泊位，基本满足停车需求，停车设施供应调控系数取0.9~1.1。

宜采取自由发展"扩大供应"模式的分区，停车泊位以配建为主，指标考虑一定的弹性，全面满足此类地区基本停车位需求的增长，以适应未来机动化发展。通常这类地区还处于建设、发展阶段，同时在城市交通发展战略的定位中，该类区域的公共交通无法承担主体引导功能，并允许小汽车与公共交通的友好竞争发展，城市土地利用、道路网络也有条件按照新理念新要求系统协调，进行规划建设。该类区域停车设施供应调控系数可取1.1~1.3。

交通枢纽区域应根据其区位、功能等确定不同的供需调节方式。对位于中心区的枢纽，应注重非机动车的停车泊位设置，小汽车停车泊位设置标准不宜取高，停车设施供应调控系数可取0.8~0.9；对于中心外围区域的交通枢纽，特别是城市外围主要出入口、大型公交场站、轨道交通枢纽等，应建设大容量"停车+换乘"设施，鼓励"P+R"的出行方式，促进停车换乘的发展，在停车设施供应上体现超前引导的思想，调控系数可取1.1~1.3。

二、停车供应结构的分区调控

停车设施结构对停车供需关系有很大影响，因此停车设施结构的调整应与供需关系的调整相适应。

对于"限制供应"区域，在限制新建建筑物配建规模的同时，宜重点对停车矛盾突出的区域进行改造，对新开发地区按规划要求适当补充建设公共停车设施（停车泊位规模通过交通评估确保与周边道路交通容量保持平衡），发挥公共停车设施调节使用的效能，通过价格杠杆保持公共停车设施合理的车位周转空置，确保停车服务水平，调整路内、路外公共车位的结构关系。路内停车泊位主要用于市民购物、储蓄、邮政、就餐等临时短时的停放需求，减少路内停车对动态交通的干扰。

对于"平衡供应"区域，贯彻以配建设施为主的供应策略，并根据道路交通供需特征等具体情况来灵活调整公共停车设施与路内停车设施的比例。同时宜强化停车设施布局的均衡性与停车设施规模的科学性相结合，强化建筑物配建停车设施与公共停车设施对社会开放的一体化协作，提高停车设施资源利用率。对于矛盾较突出的局部区域，应通过调整停车设施布局、规模加以引导，或者对停车设施配建予以适当限制，避免进一步激化矛盾。

对于有条件实施"扩大供应"的区域，停车泊位配置应适度超前，全面满足停车需求，在确保建筑物配建停车为主体的前提下，适当提高路内停车设施供应比例，适应我国汽车产业策略，引导小汽车适度发展，同时提高道路空间资源利用率。

交通枢纽地区宜强化建筑物配建停车的主体地位，适当配置路外停车设施，并对路内停车予以严格控制。重点开展停车换乘系统建设，对大型集散中心、公园景点等重点地区通过公共停车设施建设改善车位供应。由于交通枢纽地区通常交通量较大，因此宜少设路内停车泊位，提高建筑物配建停车泊位和路外公共停车泊位的比例。

根据以上分析，各区域建筑物配建停车泊位、路外公共停泊位、路内停车泊位的建议结构如表5-11所示。

各区域停车泊位配建结构表　　　　　　　　　　　　　　　表5-11

泊位供应	建筑物配建停车泊位	路外公共停车泊位	路内停车泊位
限制供应区	70%~80%	12%~18%	2%~8%
平衡供应区	75%~85%	10%~15%	5%~10%
扩大供应区	75%~85%	8%~12%	8%~12%
交通枢纽地区	80%~85%	10%~15%	1%~5%

三、停车设施管理的分区调控

对于"限制供应"区域，应加强管理力度，采取综合手段控制、管理。路内停车宜采用咪表收费，采取限时、限车种、限制通行等措施，加强路外停车信息化管理，提高停车诱导能力，实施违章拖车和高额罚款，限制长时间停车的车位供应；鼓励单位停车设施夜间对周边居民开放，提高各类停车设施的夜间使用率，改善夜间居民区车位供应紧张状况；对夜间交通量较小的地区，充分利用道路资源设置路内夜间停车泊位，并严格执行车位夜间使用时间的规定；严禁擅自改变停车设施的使用性质。

对于"平衡供应"区域，应强化停车规划建设管理、经营管理和秩序管理，对建设中存在的违规行为处以重罚，对违章停车进行罚款和教育，不断改善停车环境；换乘停车设施应结合枢纽站点系统设置，保证换乘方便快捷，以免费停车和一票制吸引停车换乘，引导向心交通转向公交方式；新开发建筑充分考虑自备车位的需求，增加公建和住宅的车位配建水平，在避免自备车位矛盾进一步扩大的同时，通过改善策略努力缩小自备车位缺额；并不断完善公交网络，提高公交竞争力，结合车位适度供给引导出行结构优化，减少低效的出行停车需求。

对于"扩大供应"区域，应加强停车诱导与停车管理，通过信息发布引导车辆换乘停放，对重点地区加强巡查，建立完善的停车管理秩序，在停车费率上给予一定的优惠，创造良好的停车环境，引导小汽车在新区的使用。

结合城市公交线网覆盖外延，在交通枢纽区和城市放射状快速路周边规划换乘停车设施，并加大对路内非法泊车的惩罚力度，以消除路内非法泊车对枢纽瓶颈的交通干扰；综合考虑停车设施的建设成本和经营成本，制定合理的停车收费价格，引导小汽车出行向公共交通方式转移。

四、停车设施经营的分区调控

停车收费包括免费、低于成本收费、成本性收费、抑制性收费等，是调控停车需求的重要手段，停车设施经营的分区调控宜以停车收费为重要抓手，同时也要完善停车设施的设备体系，采用灵活的收费设备，减少排队时间和人工成本，提高停车设施使用率。

对于"限制供应"区域，宜制定高标准的停车费率，拉开与其他地区的停车收费差距，对公共场所停车实行市场调节价，对某些地区、某些类型的停车可以甚至需要采取抑制性收费，以充分发挥停车价格杠杆作用，调节该类区的停车需求，鼓励出行者充分使用便捷的公交系统，并通过提高停车收费改善停车经营状况；限制白天路内停车比例，改善路内交通运行状况，对高峰时段道路交通矛盾紧张地区，禁止高峰时段的路内停车。同时也要强化停车诱导系统与现代化设备体系的建设，提高停车设施使用效率。

对于"平衡供应"区域，停车收费价格的制定应综合考虑车位的建设成本（包括管理成本）、投资回报、停车经营盈利和使用者的经济承受能力，使停车建设与经营转变为市场经济行为模式，并充分利用价格杠杆调节停车需求，提高各类停车设施的运转效率。可以鼓励民营投资，实现其商业化运营，并给予一定的扶持政策：在投资方面，本着"谁投资、谁建设、谁经营、谁受益"的原则，突破传统的体制，实现投资主体多元化，以吸引资金多渠道、多形式地参与公共停车设施的建设。为建立停车设施多元化投资体制，吸引社会各界参与停车设施建设，促进停车产业化发展，除了在拆迁、征地、税费、规划指标、设施配套等方面合理给予政策支持和财政补贴外，还应转变现行的停车收费政策，将停车收费逐渐转向市场定价；同时调整路内停车点的收费价格，确保同一区段路内停车费用高于路外停车。

对于"扩大供应"区域，适合执行停车相对低收费和计次收费方式以及其他象征性收费措施，以鼓励小汽车在该区的发展。

机场、火车站、码头、公共交通枢纽站等交通枢纽地区承担城市内外交通转换的功能，是城市交通矛盾较为突出的地带。交通枢纽一般汇集了以公共交通为主导的多种运输方式，交通枢纽区域的停车设施经营策略必须与城市公共交通发展战略相协调。为了发挥城市交通枢纽对进入城市中心区机动车流的拦截作用，一般而言，外围交通枢纽区域的停车应采用低收费乃至免费停车策略[1]；对于城市中心区的枢纽，为了鼓励其他交通方式换乘公共交通，停车收费也应该给予适当优惠，特别是对于交通矛盾突出的枢纽区域，更应加大优惠力度。因此，交通枢纽区域的停车设施运营应采取政府定价模式，并给予相应的财政补贴。

---

[1] 关宏志，任军，姚胜永. 发达国家机动化早中期的城市停车对策[J]. 北京：城市规划，2002（10）：81~84.

第六章 城市停车设施需求预测

第一节 城市停车设施需求总量预测

停车设施需求不需要在所有地区都得到满足，但是对于一个城市来说，停车设施的供应总量应能够满足机动车的停车需求总量。停车设施需求总量预测是在不考虑停车设施调控的前提下确定城市停车设施规划需求总量。通过需求总量的预测能够为城市停车设施的供应总量、分布预测提供基础条件，从而实现停车设施"供需统筹，以供定需"的规划理念。

一、停车需求总量预测的影响因素

1. 城市人口规模

城市人口规模的变化会带来机动车消费量的变化和使用交通工具的机会变化，停车需求量也会随之改变。在城市经济发展水平相当的情况下，人均停车需求随城市人口规模的扩大而增长。当然人口的增长和停车需求的增长并不是线性的关系，大城市停车泊位的需求和中小城市相比并没有人口的倍数关系那样大。

2. 城市土地利用

土地利用的性质、功能、区位、强度等特点分别对停车需求的性质、强度等都产生影响，例如，城市服务业用地所占比重、城市商业区的规模大小、商业区经营档次高低、公共设施用地布局的规模等都与城市停车设施的需求总量有直接关系。

3. 机动车拥有量和车辆出行水平

车辆增长是导致停车需求增长的最重要因素。每增加一辆汽车，将增加 1.2~1.5 个停车泊位需求。停车需求与车辆的出行水平也密切相关。一辆车如不出行，仅需要一个停车位，如果一天中出行多次并前往不同的地方，相应的停车设施需求量也会大大增加。

从动态角度看，区域内平均机动车流量的大小不仅影响该地区停车设施的总需求量，而且影响停车设施的高峰小时需求量。美国 FHWA 的研究表明，日平均机动车流量和高峰小时停车需求量之间存在图示的关系。

4. 交通政策

城市交通政策包括公交优先政策、区域差别化交通政策、小

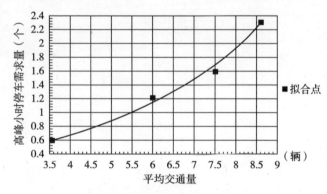

图 6-1 日平均机动车流量和高峰小时停车需求量关系图[1]

---

[1] 陈俊. 城市停车设施规划方法研究 [D]. 南京：东南大学（2000）. 10~11.

汽车发展引导政策、交通产业引导政策等。每一类交通政策对于城市交通的影响都是非常显著的，从而也直接影响停车的需求。例如公交优先政策的具体措施和力度、城市停车设施收费政策等都对城市停车需求特别是公共停车需求有直接影响，小汽车发展引导政策直接关系到小汽车的拥有率，从而直接影响停车需求总量。

二、停车需求总量的预测方法

1. 基于城市人口规模的停车设施需求总量预测

城市人口规模直接影响城市的公共停车设施面积，《城市道路交通规划设计规范》明确，城市公共停车设施分为机动车公共停车设施和非机动车公共停车设施，其用地总面积按城市人口每人 $0.8 \sim 1.0 m^2$ 计算，其中机动车停车设施用地宜为 $80\% \sim 90\%$。但是《城市道路交通规划设计规范》是 1995 年颁布施行的，现在的机动化水平已经远远超过了当初预测的水平，规范中所规定的值已经难以适应目前快速发展的机动化需求。从当前的城市机动化水平发展分析，城市公共停车设施的用地总面积宜按城市人口每人 $1.3 \sim 1.5 m^2$ 计算，同时需要采用其他方法进行预测并相互验证。

2. 基于城市用地规模的停车设施需求总量预测[①]

停车设施需求总量可以根据城市各类型用地规模计算得出。城市停车设施总量预测需要考虑城市用地总规模以及不同用地的规模。一般而言，城市用地规模越大，停车需求总量也越大；交通活动越频繁的地区，单位面积用地的停车需求也较大，例如城市商业设施、公共设施用地对机动车的吸引要显著高于居住、工业用地，相应的停车生成率也较高。

停车生成率是指单位土地利用指标（如建筑面积、工作岗位数等）所产生的停车泊位数，停车生成率模型建立在土地利用性质与停车需求生成率之间关系的基础上，其基本思路是对区域内各种不同土地利用性质的地块吸引量求和。模型表达为：

对单一土地使用而言：

$$停车需求量 = 停车需求生成率 \times 土地利用性质指标 \qquad (6-1)$$

区域停车需求总量采用以下公式计算：

$$P = \sum_{j=1}^{n} (P_j) \cdot (LU_j) \qquad (6-2)$$

式中：P——预测年区域内停车需求量；

P_j——预测年区域内第 j 类用地类型单位停车需求生成率；

LU_j——预测年区域内第 j 类用地的面积。

3. 基于机动车保有量的停车设施需求总量预测

统计结果表明每增加一辆注册汽车，将增加 $1.2 \sim 1.5$ 个停车泊位需求。因此，根据城市机动车保有总量的预测值可以计算目标年城市停车设施需求总量。此外，在城市停车需求总量中还应考虑外来车辆的停车需求。

4. 基于交通政策的停车设施需求总量预测

交通政策所包含的内容非常广泛，由于公交优先发展的政策在我国已成为共识，

---

① 张伟. 城市路外公共停车设施选址研究 [D]. 长沙：长沙理工大学，2004.19.

因此停车设施的需求总量预测中很重要的交通政策就是小汽车的使用政策。在停车设施总量需求预测中，一般将其归纳为两种情况：一种"不限拥有，限制使用"的政策，另一种是"不限拥有，不限使用"的政策。在这两种机动车使用政策下，基本停车需求没有大的变化，而公共停车需求由于对机动车使用的限制以及公交优先发展将会有所减少。如果采用"限制使用"的交通政策，则停车总量的需求取机动车总量的1.1～1.3倍；如果采取"不限使用"的交通政策，则停车总量的需求取机动车总量的1.3～1.5倍。

此外还有一种情况，就是当城市机动化水平的发展远远超过了城市道路交通以及环境承载力时，需要对城市小汽车拥有水平进行适当的限制。如果城市采用限制小汽车拥有的政策，则在停车设施总量预测时需对机动化发展水平进行修正，相应的减少停车设施的供应总量。

在分析城市机动化发展水平时，宜进行城市道路交通承载力以及环境容量承载力测试，明确城市未来的交通最大承载力和相应的机动化发展水平，将此作为城市未来发展是否需要限制机动车拥有以及何时进行限制的参考依据。例如，在南通市城市综合交通规划中，通过用地容量限制法和环境容量限制法进行综合分析表明，南通市城市道路承载力最大可以承载25%～30%的小汽车出行比例。据此计算得出2020年南通市城区机动化发展水平最大承载力约为25万辆小汽车，如果在实际发展中有超过此规模的趋势，则必须对机动车拥有量进行限制。

以上各种方法的优缺点及适用条件见表6-1。

城市停车需求总量预测方法分析　　　　　　表6-1

预测方法	优点	缺点	适用性
基于城市人口规模的停车设施需求总量预测	计算方法简单	数据准确性较差	适用于城市停车设施总规模预测
基于城市用地规模的停车设施需求总量预测	如果规划年土地利用情况与实际较为吻合，则计算精度较高	在计算时需要考虑不同类型的用地以及用地开发强度的因素，计算相对复杂，并且未来城市用地规划不确定因素较多	适用于用地情况以及开发强度较为稳定的城市
基于机动车保有量的停车设施需求总量预测	在机动车保有量预测较为准确的前提下，停车设施总量预测也较为准确	城市机动车保有量受到许多因素的影响，不易准确预测	适用于机动车增长较为稳定的城市
基于交通政策的停车设施需求总量预测	考虑到了交通政策因素对停车设施总量的影响	未来的城市交通政策难以把握	适用于未来交通政策较为明确的城市

建议在实际计算中选择两种或两种以上的方法分别计算，并相互验证，综合确定规划年城市的停车设施需求总量。

第二节　城市停车设施需求分类预测

按停车设施使用权特点可将需求分为两类：自备车位需求和公共车位需求。停车设施需求分类预测就是预测这两类车位需求的数量。

一、自备车位的需求预测

自备车位主要指居民私家车和单位车辆夜间停放的车位。自备车位的需求取决于汽车拥有量，理论上说，有多少辆汽车就应当有多少自备车位。自备车位的需求预测因此取决于如何预测规划目标年城市的汽车拥有量。

城市汽车拥有量的预测一般包括三种方法，分别是增长率法、购买力法和回归分析法。增长率法就是通过假设未来年城市机动车总量增长率数值，计算得出目标年的机动车拥有量。购买力法则是分别对私家车、公用车、营运车的数量进行预测，从而预测目标年城市机动车的总数，一般来说城市公用车辆和营运车辆的增长速度不是非常快或者其总量会受到一定的限制，而私家车的增长主要依据居民的购买力决定。回归分析法是根据多年的经济发展水平、人均收入、人口数等指标建立多元回归模型，按目标年的相关经济和人口指标预测城市机动车的拥有量。

三种方法中，增长率法比较简单，但是增长率取值不易把握，过高或过低都对预测准确性影响较大，因此较少采用；购买力法较为科学和合理，一般推荐采用此预测方法，但公用车辆和营运车辆的预测数据较难把握，需结合政府部门的机动车购置计划和城市营运车辆发展规划确定；回归分析法在使用中主要是分析城市机动化的发展和城市经济、人口发展之间的相关性是否显著，如果相关性不显著则不能使用。在实际预测中，应结合这三种方法，比较确定未来城市机动化发展水平。

二、公共车位的需求预测

公共车位的停车需求指车辆出行产生的停车需求，主要包括就业出行、公务出行、购物出行、接送出行、出游出行、转换地需求等。

1. 经验类比

将城市机动车数量与国内外情况相似城市进行类比，通过类比方法得出公共车位的停车需求。以下是交通状况良好的几个大城市的自备车位和公共车位的关系。

2006 年亚洲部分城市自备车位与公共车位统计一览表　　　　表 6-2

城市	自备车位（万个）	公共停车位（万个）	自备车位（个/百辆）	公共车位（个/百辆）
新加坡	70	36	95.2	48.98
香港	60	21	115	40.38
首尔	200	96	74.7	35.50

从上表可以看出，一般自备车位和公共停车位之间较为合适的比例为 1:0.35～1:0.5 之间。如果某城市的自备车位的需求量为 P_1，则公共停车位的数量应在 $0.35 P_1 \sim 0.5 P_1$

之间。

2. 出行吸引模型

停车需求的生成与地区的经济社会功能和强度相互密切影响。出行吸引模型的原理是建立高峰小时停车需求泊位数与区域机动车出行吸引量之间的关系。模型建立的基础条件是开展城市交通调查，根据各交通小区的车辆出行分布模型和各小区的停放吸引量建立数学模型，由此预测停车需求。

出行吸引模型的特点主要是：该类模型以车辆出行作为停车需求生成的基础，较好地考虑了停车的交通特性，模型需估计城市各分区所吸引的以机动车为交通工具的出行端点数，该数据的获取需进行较大规模的城市居民出行调查工作。随着经济发展以及其他因素的变化，停车生成与车辆出行之间的关系现状与未来会有很大的不同，因此用该模型进行预测的预测期不宜过长，一般不宜超过20年。

现有的预测方法主要有以下几类[①]：

①香港停车泊位需求研究采用的出行吸引模型

该模型根据停车特征调查，确定一天内分出行目的进出各类建筑物的车辆总数与高峰停车需求的关系，根据城市交通规划或其他专项交通研究预测的OD资料，分出不同目的的机动车出行终点吸引量数据，假定未来停车特征与现状停车特征基本不变的情况下推算出机动车高峰小时停车需求量。考虑停车时间分布、停车时长分布，得出对象地区的停车需求量。

②中国城市规划设计研究院（以下简称中规院）提出的停车需求模型

中规院提出的停车需求模型是以停车需求与出行的关系为基础，停车需求模型基本形式如下：

$$P_i = \{N_i + [D_{i1} \cdot f(s) - O_{i1}]\} + [D_{i2} \cdot f(s) - O_{i2}] \qquad (6-3)$$

式中：P_i——i 小区高峰停车需求，泊位；

N_i——i 小区初始停车量，泊位；

D_{i1}——i 小区高峰时段前累计交通吸引量，车次；

O_{i1}——i 小区高峰小时前累计交通发生量，车次；

D_{i2}——i 小区高峰时段末累计交通吸引量，车次；

O_{i2}——i 小区高峰小时末累计交通发生量，车次；

$f(s)$——机动车停车生成率。

③上海市综合交通规划研究所采用的停车需求模型

上海对路外机动车停放市中心的需求，建立了二元线性模型

$$P_d = 297.9622 + 12641 T_t + 0.8462 T_p \quad (R_2 = 0.9012) \qquad (6-4)$$

取值范围 $T_t = 244 \sim 2050$（标准车次），$T_p = 230 \sim 2310$（标准车次）。

式中：P_d——日实际社会公共停车总量需求，标准车次；

T_t——白天12h货车出行吸引量，标准车次；

---

① 陈媛. 城市停车设施规划问题研究 [D]. 西安：长安大学（2005）. 30~35.

T_p——白天 12h 客车出行吸引量，标准车次。

④出行 OD 量预测法

研究与停车时段有关的出行目的是分析停车需求的重要环节。该预测法将机动车的出行目的分为三类：第一类为基于家的工作出行；第二类为基于家的其他出行；第三类为非基于家的出行。工作出行多为到相应的单位，主要占用自备车位停车设施。需要公共停车设施的出行主要为基于家的其他出行和非基于家的出行。这两种目的的出行量可应用现状 OD 调查数据，推算将来的 OD 预测数据。

根据机动车出行量预测，公共停车设施车位数可由下式得到

$$P_j = P_{dj} \cdot \alpha \cdot \gamma / \beta \qquad (6-5)$$

式中：P_j——第 j 交通小区公共停车需求车位数；

P_{dj}——第 j 交通小区内分布的以此为终点的基于家的其他出行和非基于家的出行高峰小时吸引量；

α——机动车出行生成率；

β——高峰小时停车泊位的周转率；

γ——机动车高峰小时停车量与平均小时停车量的比例。

3. 对比分析

这几类模型中，经验类比法较为简单实用，但是所选类比城市的停车设施规划是否合理难有公认，城市本身的可类比性也难以选择。一般如果对城市公共停车需求预测精度要求不高或者进行城市公共停车需求总量控制预测时可以使用。

香港采用的"出行吸引模型"预测方法和出行 OD 量预测方法较为类似，都是利用城市居民出行 OD 预测数据对未来停车需求进行测算，这类方法对城市远期不同区域停车需求预测具有一定的理论根据，但是在近期停车需求预测中该类方法不太准确。同时，该类方法要求在进行城市停车设施需求预测前，拥有城市居民出行调查的现状和预测资料。

中规院和上海采用的停车需求预测模型需要进行分区域的大量现状停车及交通量调查，利用调查数据进行拟合，得出预测年某一区域范围内机动车停车需求量。该类方法对近期停车需求预测较为准确，但对远期城市不同区域停车需求预测则缺乏必要的理论支撑。

因此，在进行城市停车设施需求预测时宜结合应用两种方法：预测城市近期停车需求时采用调查数据拟合的方法，预测城市远期停车需求时采用居民出行 OD 预测方法。

第三节 城市停车设施需求分布预测

城市停车设施的需求分布是停车设施发挥调控作用的基础，通过停车需求分布预测得出目标年城市不同区域在没有调控措施情况下的停车需求，然后通过停车设施的供应来调节不同区域的停车需求和供应之间的关系，从而发挥停车设施的调控作用。

停车设施需求分布预测需要对各个交通分区的自备车位需求和公共车位需求做出预测。自备车位的停车需求预测较为简单，只要对各个交通分区的私人汽车和单位汽车的

拥有数量进行预测,然后根据一车一泊位的原则得出各个分区的自备车位停车需求分布结果。以下主要分析公共车位的停车需求分布预测。

一、停车需求分布预测的影响因素

1. 人口分布

人口分布对于停车需求分布的影响主要包括两个方面,一是居住人口分布,它和城市自备车位的停车需求有直接关系;二是就业人口分布,它和公共停车需求分布有直接关系。

2. 土地利用

不同的土地利用特点所带来的社会、经济、文化活动的性质和频繁程度不同,表现出的停车需求分布也有很大差异。

浦东陆家嘴地区规划各类用地比例及公共停车生成率[①]　　　　表6-3

用地类型	用地比例(%)	公共停车生成率(%)
住宅	34.68	2.167
办公	55.36	23.00
工业	0.37	1.298
文娱	7.73	7.745
医院	0.28	7.404
科教	0.96	12.69
其他	0.62	2.77

西安市各类建设用地停车需求调查[②]　　　　表6-4

用地类型	生成率(辆/1000m^2)	用地面积(hm^2)	停车数(辆)	高峰泊位需求(个)
居住用地	0.29214	4250.2	12417	15521
教学用地	0.51656	1262.24	6520	8150
商业用地	2.25406	482.91	10885	13606
医疗用地	0.62996	168.73	1063	1329
餐饮用地	0.81494	176.37	1437	1797
娱乐用地	0.69217	287.62	1992	2490
行政办公	1.17975	639.28	7062	8828
旅游用地	0.84202	—	—	—

从各类用地的停车生成率可以看出,办公、商业、娱乐等用地性质的停车生成率较高,车辆停放率和周转率也较高;住宅、医院、工厂等用地性质,停车生成率较低,车

---

① 陈俊. 城市停车设施规划方法研究[D]. 南京:东南大学(2000). 10~11.
② 李杰. 城市停车设施规划研究[D]. 西安:西安建筑科技大学(2006). 48~59.

辆停放率和周转率普遍不高。因此，不同类型土地利用的分布和开发强度对城市停车设施需求分布有着重要的影响。

3. 车辆出行空间分布

车辆出行和停车需求的关系包含两个层面，一是车辆出行水平，二是车辆出行空间分布。前一个层面在上节停车需求总量预测中已经提及，后一个层面车辆出行空间分布是决定不同区域停车需求的重要因素。车辆出行空间分布与城市土地利用、道路网络布局、区域交通组织有密切关系，其中土地利用决定了车辆出行的起终点，而道路网络布局、区域交通组织则对车辆出行空间有一定的影响和制约作用。

4. 道路交通量

动态交通和静态交通有着很大的关联度。区域停车总量一般与经过该区域内的道路交通量有一定的关系，但是这种关系并不是一定的，停车需求是累计值，而道路交通流量则是瞬时值。对于不同区域，车辆通过量和停留量的比例并无定数，因此某个区域的交通量与其停车需求的相关关系需做具体分析。

二、停车需求分布的预测方法

停车需求分布预测主要是预测目标年不同区域内的停车设施需求状况，需要将各个分区的停车设施需求分布量和城市停车设施需求总量做一个平衡，以调整控制预测误差。

1. 土地利用相关模型

（1）生成率模型

该模型类似于发生、吸引交通量预测中的原单位法。通过停车生成率建立停车需求和土地利用的关系，其基本思路是将区域内各类不同土地利用性质的地块都看作是停车发生源，而区域总的停车需求量就等于各地块停车发生量的和。基本模型如下：

$$P_i = \sum_{j=1}^{n} p_{ij} \cdot X_{ij} \tag{6-6}$$

式中：P_i——第 i 区高峰停车需求量；

p_{ij}——第 i 区第 j 类用地的停车生成率；

X_{ij}——第 i 区第 j 类土地的利用指标；

n——用地分类数。

生成率模型表达简单，意义明确，适用于土地利用规划已确定，交通工具、道路网发生变化不大的地区以及新开发区域的停车需求预测，尤其适合于计算建筑物配建停车位指标。这种方法的主要难点是停车生成率要对用地分门别类作停车和土地利用详细调查，再进行统计回归分析才能获得，工作量很大；而且不同类型城市、不同性质区域的同一类型用地的停车生成率并不相同，甚至差别很大。这种方法本身也存在一些缺陷，如它将区域停车需求量看作是各类地块停车发生量的简单相加，而未考虑其相互作用。此外，土地利用实际情况往往很复杂，某个地块并不一定是单一的功能，比如综合性建筑或功能混杂的建筑群，这时生成率模型就难以保证其精度。

（2）静态交通发生率法

静态交通发生率模型在原理上属于土地利用相关模型，与生成率模型相似，也是建立在停车需求与土地利用性质的关系基础上，但这里"静态交通发生率"定义为某种用地功能单位容量（100 工作岗位，住宅区为 100 居住人口）所产生的全日停放车辆数。模型如下：

$$P_i' = \sum_{j=1}^{n} \alpha_j \cdot E_{ij} \quad (i=1, 2, \cdots, m; j=1, 2, \cdots, n) \tag{6-7}$$

式中：P_i'——第 i 区预测年基本日停放车辆数（按标准车计）；

E_{ij}——预测年第 i 区第 j 类用地的工作岗位数（人）；

α_j——第 j 类用地的静态交通发生率（标准车辆数/100 工作岗位·日）；

m——区域内交通小区划分数；

n——用地分类数。

则

$$P_i = \frac{P_i' \cdot \gamma \cdot \beta}{t \cdot u} \tag{6-8}$$

式中：P_i——第 i 区预测年高峰停车需求量；

γ——高峰率，等于高峰小时停放车辆数与全日停放车辆数之比；

β——考虑预测年机动车拥有量及平均出行次数增减的修正系数，定义为预测年与基准年总出行次数的比值；

t——第 i 区高峰小时停车位周转率；

u——第 i 区高峰小时泊位利用率。

不同类型用地特别是综合性用地的停车需求是土地、人口、工作岗位和交通 OD 分布等诸多因素相互影响的结果，单独采用生成率模型，分门别类调查确定停车生成率难度大，精度未必可靠，且工作量太大。静态交通发生率模型则无须进行这种分门别类的详细调查和统计回归分析，而只需通过分小区调查现状基本日停放车辆数和各类用地的工作岗位数，工作量明显减少。假设 P_i'' 和 E_{ij}'（$i=1, 2, \cdots, m$）为 m 个小区内调查得到的 n 组样本，则可得到由 m 个方程组成的 n 元线性齐次方程组 $P_i'' = \sum_{j=1}^{n} \alpha_j \cdot E_{ij}'$（$i=1,2,\cdots,m$），$\alpha_j$（$j=1, 2, \cdots, n$）为线性齐次方程中的待定系数。若求出 α_j，则只需把预测年的 E_{ij} 代入各方程，即可得出各小区预测年基本日停放车辆数 P_i'，从而进一步得到各小区预测年高峰停车需求量 P_i。α_j 可以采用回归的方法解方程求得，但条件很苛刻，尤其是要使 $\alpha_j > 0$ 很难做到。若要除去某些 $\alpha_j < 0$ 的变量又难以使回归结果通过检验。为此，本模型采用优化方法来求解 α_j，过程如下：

依据现状拟合误差平方和最小的原则定义函数

$$f = \sum_{i=1}^{m} \left(P_i'' - \sum_{j=1}^{m} \alpha_j \cdot E_{ij}' \right)^2$$

即 f 等于各小区基本日停放车辆数调查值与根据 α_j 和 E_{ij}' 的计算值之差的平方和。当 f 值最小时，调查值与计算值最接近，即 α_j 同实际情况吻合得最好，此时其求解可用最小二乘法进行。但在实际计算中发现，α_j 往往得到负值，这显然不合情理，于是在模型中加入了 $\alpha_j > 0$ 的约束条件，这样静态交通发生率的计算就成了以下的非线性优化问题：

$$\min f = \sum_{i=1}^{m} \left(P_i'' - \sum_{j=1}^{m} \alpha_j \cdot E_{ij}' \right)^2 \quad (i = 1,2,\cdots,m; j = 1,2,\cdots,n) \quad (6-9)$$

s.t　　$\alpha_j > 0$

该问题的求解，采用的是一种称为复形法的非线性优化方法，其优点是只需计算函数值，而且方法和程序都比较简单。先是随机地产生复形，然后通过反射与收缩，并在迭代中边长自动缩小，最后求得满足一定的迭代精度的最优值。为了克服该问题非凸性的缺陷，采用强化约束条件和对反射步长作黄金分割法的一维搜索，选出整个问题的最优解。

2. 出行相关模型[①]

（1）出行吸引模型

该模型的原理是建立停车需求与区域机动车出行吸引量（换算为小汽车出行量）之间的关系。其步骤为：①依据城市交通规划或其他专项交通研究得到的 OD 预测数据估计城市内各分区所吸引的以机动车为交通工具的人数；②依据调查估计小汽车的平均乘载率，用上面所得到的人数除以小汽车平均乘载率，可得该区域以小汽车出行量代表的机动车出行吸引量；③通过调查建立停车泊位需求因子（高峰停车需求量与高峰小时交通量之比）指标；④由区域小汽车出行量及停车泊位需求因子得到各区域高峰停车需求量。

出行吸引模型抓住了停车需求的主要影响因素，分析结果较为可靠，可用于土地利用变化比较大的地区。但由于它要求具备城市交通规划或其他专项交通研究的基础及完整的 OD 数据，并要事先调查建立停车泊位需求因子指标，这些条件目前国内大部分城市还很难达到，限制了这种方法的使用，只在近年洛阳、南京的公共停车设施规划中得到部分应用。

（2）交通量—停车泊位模型

该模型的基本思路与出行吸引模型相类似，但更为简化，是通过回归分析方法建立停车需求与交通吸引量的相关公式。常见形式为对数回归方程：

$$\log P_i = A + B \log V_i \quad (6-10)$$

式中：P_i——第 i 区的高峰停车需求量；

　　　V_i——到达第 i 区的交通量；

　A、B——回归系数。

该模型对 OD 数据的要求大大低于出行吸引模型，可用于预测近期停车需求，较适合于区域用地功能较为均衡、稳定的情况。

3. 综合分析方法[②]

（1）多元回归模型

该模型基本思路是建立反映停车需求与城市经济活动及土地使用之间关系的相关公式，一个典型的多元回归模型是美国道路研究协会发表的研究成果：

$$P_i = A_0 + A_1 x_{1i} + A_2 x_{2i} + A_3 x_{3i} + A_4 x_{4i} + A_5 x_{5i} \quad (6-11)$$

[①] 吴涛. 停车供需与停车政策研究 [D]. 上海：同济大学，1999. 12~17.
[②] 陈媛. 城市停车设施规划问题研究 [D]. 西安：长安大学，2005. 30~35.

式中： P_i——第 i 区的高峰停车需求量；

x_{1i}，…，x_{5i}——第 i 区的工作岗位数、人口数、建筑面积、零售服务业人数、小汽车注册数；

A_i $(i=0, 1, …)$——回归系数。

模型中的回归系数是根据各变量的历史数据回归出来的，在将有关变量的预测值代入模型预测未来停车需求时，须对回归系数作适当的修正。

多元回归模型在选择的变量比较多时，能够较好地反映影响因素与停车需求之间的因果关系，但需要大量的有关停车、出行及社会经济状况的调查数据，计算量也很大。若选择的变量少，则收集资料较为容易，比较简单易行，但变量较少预测的准确性也稍差。如上海20世纪80年代末利用全市停车调查数据，建立了高峰停车量与各类用地建筑面积的多元回归模型，以及中心区公共停车需求与客、货车出行吸引量的二元线性回归模型。

（2）分类叠加法

这种方法是在停车需求预测时，先对停车需求进行分类，如按停放时间分为长时间停车需求和短时间停车需求，按停放性质分为与车辆使用相关的停车需求和与车辆拥有相关的停车需求，按车型分为客车停车需求和货车停车需求，等等，分别进行分析，最后再把有关需求迭加起来，得出总的停车需求。

香港1995年完成的"泊位需求研究"采用了这种方法，其停车需求模型由四个主要的子模型组成：

①私人汽车：与拥有相关（ownership-related）的停车需求模型；

②私人汽车：与使用相关（usage-related）的停车需求模型；

③货车：夜间停车需求模型；

④货车：与使用相关（日间）的停车需求模型。

这些模型的建立是以香港第二次整体交通研究（CTS-2）、出行特征调查（TCS）和货物运输研究（FTS）的大量数据为基础，分别用到了土地利用相关、出行相关和多元回归分析的方法，分析过程贯穿了分类叠加的思想。这种方法分析非常细致，分析结果丰富、有价值，但需要的数据量和调查工作量很大。

美国研究者也提出过类似分类叠加法的停车需求分析模型：

$$P_i = A_L \cdot \left(E_i \bigg/ \sum_{i=1}^{m} E_i \right) + A_s \cdot \left(F_i \bigg/ \sum_{i=1}^{m} F_i \right) \qquad (6-12)$$

式中：P_i——第 i 区高峰停车需求量；

A_L——区域总的高峰长时间累积停车量；

A_s——区域总的高峰短时间累积停车量；

E_i——第 i 区的工作岗位数；

F_i——第 i 区的零售和服务业建筑基底面积；

m——区域内的小区划分数。

该模型是按照工作岗位指标来分配长时间停车量，按照零售和服务业建筑基底面积指标来分配短时间停车量。这既是分类叠加的思想，也类似于交通分布预测中的重力模型，主要用于停车需求预测四阶段中的第二阶段：停车需求总量在各小区的分布。

（3）按比例估算法

这种方法是建立停车泊位（或面积）与城市人口、交通出行量、汽车拥有量或商业营业面积等之间的简单比例关系，以大致估计停车需求。

按比例估算法实质上是一种简化的相关分析法，可用于城市或区域停车需求总量或供应水平的粗略估计、预测，也可用于相似城市之间进行类比分析。

（4）趋势法

这种方法是在停车现状调查的基础上，依据发展趋势进行推算。适用于土地利用已定形的小规模区域。

4. 各种需求预测方法的综合分析

综合分析现有的停车需求预测方法，基于相关预测原理的占了绝大多数，各有优缺点和适应性，不过都存在着远期预测的适用性、可靠性问题，表现在停车生成率是基于现状土地利用得到的值，停车泊位需求因子也是现状调查值，它们在未来年的发展预测是比较困难的，另外由于影响交通的因素很多，出行 OD 量及其分布的远期预测的可靠性也难以把握。如果对未来城市土地利用布局能够有较为准确的分析，采用土地利用相关模型精度较高，对城市远期停车设施分布预测采用此方法较为合适。出行相关模型中，由于出行交通量的预测本身和土地利用相关性较大，如果运用于远期停车设施分布则累计的预测误差会增大，因此，只适用于近期的停车设施分布预测。对于综合性方法，由于数据难以取得，该方法只适用于规模不大的区域内的停车设施分布预测。

第七章　城市停车设施供应分布

停车设施的供应分布应以停车需求为基础，但供应不等于需求，而是需要针对停车分区具体情况，按照需求管理的原则，确定相应的停车设施供应数量和供应结构。

第一节　城市停车设施供应的思路和对策

一、停车设施供应的思路

城市停车设施的供应要改变以需求为导向的传统方式，体现支持保障公交优先发展的思路，主要应遵循以下几点：

1. 区域差别化

停车设施应体现区域差别的供应思路。对于不同的城市区域，供应的数量和结构要适应土地利用、公共交通发展战略、停车设施需求等因素的不同特点。

2. 局部服从系统

供应城市停车设施，应从整个城市的角度统筹考虑，停车设施供应分布应符合城市总体的发展要求。在此前提下，解决或兼顾具体地块的停车问题。

3. 与土地利用相协调

停车设施的供应与城市用地布局相协调，在促进土地利用开发的同时，对用地和交通矛盾较突出的地区，应通过停车设施供应手段，合理调控交通发生量、组织交通流。

4. 关注公平

停车设施的供应，要统筹公共交通和小汽车交通的发展，为居民出行提供各种便捷的交通方式，使所有出行者都能够享受机动化带来的成果。

二、停车设施供应的对策

停车设施供应对策，最主要的是要把握好不同分区的停车设施供应，以及分区内不同类型停车设施的供应，以指导停车设施供应分布预测和布局规划。

（一）分区供应对策

城市不同分区主要包括中心区、居住地区、就业密集区、旅游地、枢纽地区等，不同城市地区的停车设施配置要求不同，应采取不同的对策。

1. 中心区停车供应对策

城市中心区采取的措施有不同的选择，包括分区域配给停车泊位数量、分时间供应停车设施、停车泊位使用价格调整以及停车设施之间的相互整合利用等等。

中心区的停车设施一般采取从紧的供应对策，发展以公共交通为主的出行方式结构，通过有限的停车设施供应引导居民出行向公共交通转变。同时中心区的停车设施供应要和服务业发展相协调。

对于中心区工作目的出行的停车，如果采用分区域配给停车设施的策略，在部分区域减少停车供给特别是减少配建,则上班出行可能会更换交通方式或者将车辆停到其他区域,可以有效减少中心区的小汽车交通量。

图7-1 日本东京街头的多层停车设施

对于中心区购物目的的出行停车,如果采取在部分区域减少停车配给,有可能会导致两方面的结果,一方面进入中心区的车流量减少,人们通过其他交通方式进入中心区;另一方面也可能导致中心区的商业吸引力下降,逐渐衰落。因此,在确定分区域配给停车位数量时,应综合考虑商业发展、交通引导、公交配套等因素。

国外部分城市中心区停车泊位配置密度 ①　　　　　　表7-1

城市	德国汉堡	西班牙巴塞罗那	西班牙马德里
车位密度(个/km²)	6000	4000	9400

根据中心区交通流和停车的时间分布特性,为了有效减少平日的交通量,在适当配给停车设施数量的同时,依据交通流情况,可以在中心区的适当位置划定限时和不限时的路内停车泊位,以缓解中心区购物出行停车难的问题,均衡不同时间段停车供应的矛盾。例如,在中心区商业中心周边的次干路或支路上,在不影响交通的前提下,划定周六、周日的临时停车泊位,以缓解周末停车困难问题;在中心区消费场所周边,利用晚间交通非高峰时间划定一些临时停车位。

中心区不同出行目的停车供应对策　　　　　　表7-2

		停车供应量	停车价格
就业出行		适度或减少供给	提高价格
购物出行	大众消费	减少供给	适度价格
	高档消费	适度增加供给	提高价格
行政办公出行		适度供给	提高价格

---

① 张乔. 我国大城市小汽车停车问题研究——以上海市为例[R]. 上海:同济大学出版社,2006.

2. 居住区停车供应对策

根据停车分区策略，对处于城市不同停车分区、不同类型的居住区分别采取相应的停车供应对策。

对于停车供应限制区内的居住区，应结合公共交通的发展，采取低配建的停车供应指标，鼓励利用公交出行；对于停车供应扩大区内的居住区，应采取高配建的停车供应指标，并引导车辆合理分布。

对于高档住宅区例如别墅、复式住宅等应采用高配建指标，而对于一般的公寓住宅应采取适中的配建指标。

老式居住区可以通过小区内改造设置半地下停车设施，或充分利用小区内部道路实现停车和行人分离，利用小区周边支路设置限时路内停车泊位，利用周边公共停车设施晚间空闲资源等措施，缓解居住小区停车问题。新建小区应根据所在停车分区和开发住宅类型，合理选用停车配建指标。在交通引导发展成为约束性标准的条件下，应按照停车设施的配置规定来安排居住用地类别，建设相应的居住建筑。

图 7-2 新加坡居住区停车设施

3. 就业密集区停车供应对策

对于就业密集区的停车供应，总体上应采取减量的供应对策，一般采取以下主要方法缓解就业密集区停车难问题。

①通过用地布局引导交通减量，减少就业通勤需求

一是通过就业居住混合，就近布局，促进交通减量，减少就业密集区停车；二是就业集中带状布局，以利形成公交走廊，鼓励居民利用公交出行，从而有效抑制就业停车需求量。城市交通规划和停车设施规划要与土地利用规划相互协调，起到主动引导和调节城市土地利用的作用，促进城市交通和停车的良性发展。

②大力发展城市公共交通，减少就业通勤停车需求

将就业设施，特别是劳动密集型设施尽可能结合公交走廊集中布局，通过发展公共

交通，方便居民通勤更多地利用公共交通方式出行，减少私人机动车出行需求，从而缓解就业密集区的停车问题。

③鼓励合乘方式减少就业密集区停车需求

国外部分城市已经尝试通过鼓励私车合乘的城市交通政策来消减中心区的就业停车需求。合乘车在国外称为 HOV（High Occupancy Vehicle），是指乘坐 2 人或 2 人以上的车辆。城市的交通效率不以车辆的通行能力来衡量，而是要以车辆所运输的人和货物的数量来衡量。随着家庭轿车的普及，单人驾车出行非常普遍，在导致道路拥挤的同时，交通的效率却很低。从 20 世纪 70 年代开始，美国部分城市道路中开始出现 HOV 专用车道，以鼓励 HOV 的使用，取得了非常好的效果。在我国一些大城市，可以尝试鼓励合乘方式缓解城市中心区的交通及停车问题。

图 7-3　就业密集区多层停车设施

4. 旅游地区停车供应对策

针对目前旅游地区停车设施供应与需求不匹配的情况，可以采取直接扩大规模、周边停车设施共享以及减少停车需求三种对策。直接扩大停车设施的规模，需要结合旅游地区用地条件、环境保护要求、进出景区道路交通状况等因素综合考虑，在满足条件的基础上适当建设停车设施。周边停车设施共享主要是利用周边已建成的停车设施，应对周边（指人们可接受的从停车点步行到景区的距离）可供使用的停车设施数量进行调查，根据景区旺季一般需要的停车位数量确定可以合作的停车设施，制定并发布每个停车点详细的位置和车位数量。减少停车需求主要是采取开通从酒店到旅游地区公共交通的方法，供自驾车乘客能够从酒店改乘公交快速方便地到达景点，这种做法能有效地减少景点的停车设施需求。

景区景点停车问题主要是由于私家车剧增导致自驾游现象产生的一个新课题。景观的季节性使旅游旺季比较集中，集中休假使人员大量集中出游等原因，加大了停车需求峰谷差。国外一般实行带薪休假，人们出去旅游的时间较为分散，停车需求较为均衡。

因此，采取丰富季节景观、拓宽旅游范围、完善休假制度等措施，都可以有效缓解景区景点停车矛盾。

图7-4　旅游景区园林化的停车设施

5. 枢纽地区停车供应对策

枢纽地区的停车设施布局必须与交通枢纽、主要道路相结合，与公交线路规划、场站设置等同时进行，动态调整，引导个体出行方式向公共交通方式转换。

在城市对外换乘枢纽区域内，应提供足够的停车设施，同时枢纽周边的道路条件应能够满足设施停车的集散要求。由于城市所具有的公共交通方式不同，公共交通换乘枢纽地区的停车设施供应方式和对策也应有所区别。

不同类型城市枢纽地区停车供应对策　　　　表7-3

城市类型	城市布局结构特点	交通方式结构	枢纽地区停车供应对策
城市带地区	城市密集地区，由于郊区城市化的作用，城市地域出现连片成带的趋势	以区域公交如城际和市域轨道交通等为骨干，联系城市带内的主要城镇	在城市带的重要节点处设置换乘枢纽，引导居民使用区域公交实现城市之间的出行，在枢纽地区实行停车换乘的优惠政策，鼓励停车换乘
特大城市	多中心布局结构	以轨道交通为骨干，以常规公交为主体的多样化交通方式结构	在轨道交通节点周边安排停车换乘；城市中心区的公交换乘枢纽布置非机动车停车设施，鼓励自行车与公交的停车换乘；停车换乘枢纽规划预留停车设施用地；制定停车换乘优惠收费政策
大城市	组团型或带型城市	以地面快速公交或常规公交为主，多方式共同发展	整合现有的公交首末站和大型公交换乘枢纽，建立公交换乘体系。在公交枢纽点布置自行车停车设施

图 7-5 新加坡交通枢纽地区停车状况

（二）分类供应对策

分类供应对策就是要在停车分区的基础上，合理确定各个分区内路外公共停车设施、路内公共停车设施、建筑物配建停车设施的规模和比例。总体而言，在停车设施规划中，应该始终贯彻以建筑物配建停车为主，路外公共停车设施为辅，路内公共停车设施为补充的分类供应原则。但是对于不同城市特别是城市的不同区域，需要综合考虑用地需求量、道路通行能力、公交发展需求、路网系统布局等因素，合理确定本区域各类停车设施的供应规模与结构，以不同类型停车设施的供应来达到调控区域土地利用、交通流分布、交通方式结构，促进公交优先、减少停车用地需求的目的。

1. 路外公共停车设施供应对策分析

路外公共停车设施供应规模一般应为停车设施供应总量的 8%~20%。路外公共停车设施分布不仅应兼顾区域已有停车设施的分布及规模，还需考虑停车设施布局的优化、供需的平衡以及社会经济效益等多方面的因素。

分区供应对策方面，传统的路外公共停车设施分布一般是根据各个分区的土地利用状况，预测分区的停车需求总量，然后根据路外公共停车设施在停车设施总量中所占比例确定它的需求量，每个分区的供应量等于需求量。而在调控型停车设施规划中，需要根据不同分区的停车需求总量，结合分区停车供给系数，调整确定停车供应量，通过停车设施供应总量和不同分区路外公共停车设施所占比例，综合确定路外停车设施的供应规模。

2. 路内公共停车设施供应对策分析

路内停车泊位在整个公共停车中应保持合理的比例。目前，我国城市路内停车供需和比例结构的确定，主要借鉴欧美和日本等发达国家成熟的停车比例来类比确定城市的停车结构。由于国外交通以小汽车为主，城市土地利用、停车需求、路网结构、横断面布置形式、道路交通状况与车流结构等众多因素和国内城市存在较大的差异，仅凭经验法确定的停车结构比例往往不能适应于国内城市。因此，有必要结合我国城市自身特点，调查路内停车的停车特征，分析国内城市路内停车的形成机理，优化供应结构，促进停车设施合理布局。

分区供应对策方面，对于不同停车分区采取差异化的供应策略。对于停车限制供应区，可以采用相对较高的路内停车供应对策，通过提高停车周转率以缓解部分地区的停车压力；对于平衡供应区和扩大供应区应采取相对较低的路内停车供应对策，以促进路外公共停车设施和配建停车设施的建设。

具体实施中，应结合不同停车分区自身特点设置路内停车。在城市中心区，由于停车泊位建设难度较大，并且一般情况下城市中心区现状路内停车比例较高，因此在不影响道路通行能力的前提下，可以适当提高路内停车的比例。

3. 配建停车设施供应对策分析

配建停车设施供应是停车设施供应的主体，一般不应低于停车设施供应总量的70%。

分区供应对策方面，应根据具体分区的停车调控政策确定该分区供应规模。各分区供应规模之和不应突破城市配建停车设施总规模。

具体实施中，在确定分区停车设施供应规模的基础上，细化建筑分类标准，制定详细的停车配建指标。对于不同停车分区，应根据不同的建筑类型提出相应的供应指标要求，明确限制供应、平衡供应、扩大供应的规模要求。

第二节 城市停车设施供应分布预测和结构引导

一、停车设施供应的影响

1. 停车设施供应对城市土地利用的影响

停车设施供应对土地利用的影响，实际上是对停车设施使用者的影响，因为人的活动决定土地的利用。如果停车设施供应影响到人们的出行活动，那也就会对土地利用性质产生影响。影响的主要因素有停车设施供应程度和停车者步行到目的地的平均距离。

停车设施供应的多少将影响到该类用地停车者的停车难易程度。一方面当停车设施供不应求时，必然会造成部分停车者有车无处停，在一定程度上会使得该区域的出行吸引量发生变化，引起停车需求变化，到一定程度就会诱发用地性质的变化。另一方面当停车设施供大于求时，会刺激区域出行吸引量的增长，进而使得停车需求量增大，经过一段时间将会使停车设施需求达到一个新的平衡。

步行距离的长短直接关系到对停车设施的使用率、周转率等停车特性。通常情况下，当步行距离超过可承受的最大步行距离时，该区的对于机动车出行的可达性发生变化，将会有一些停车者放弃驱车前往或是放弃此次出行。这将使得该区的出行吸引随之变化，进而停车需求也发生变化，这都会影响到土地利用性质的变化。

2. 停车设施供应对城市动态交通的影响[①]

停车设施供应对城市动态交通影响的常用分析方法有"正向平衡分析"和"反向平

---

① 吴涛. 停车供需与停车政策研究 [D]. 上海：同济大学出版社，1999：20~21.

衡分析"两种。

(1) "正向平衡分析"首先利用与出行相关的停车需求分析模型,求出当路网交通量达到容量值时产生的停车需求,再代入停车供需关系式,得出满足此停车需求的停车设施供应,把它与停车设施供给现状进行比较,就可知道停车设施供给现状能否满足交通量达到路网容量时产生的停车需求。若能满足,在路网容量和道路集散能力有限的情况下,停车设施供应过多导致的不平衡会引起严重的交通阻塞。若不能满足,除实行停车设施供应控制政策地区外,停车设施需加大建设力度。

(2) "反向平衡分析"首先调查停车设施供给现状,根据停车供需关系式,求出由现状供给决定的停车设施需求,代入与出行相关的停车需求分析模型反推与此停车设施需求相适应的路网交通量,把它与路网现状容量进行比较,就可知道路网现状容量与停车设施现状供给决定的停车需求是否适应,实际上也就是动、静态交通设施现状供给是否相互协调。考虑到城市停车设施资源的有限性属性,可根据用地限值推出最大可能停车供应量,再用反向平衡来约束道路的建设和机动车数量的增长。

停车供应对城市动态交通的影响分析方法　　　表 7-4

分析方法	分析过程	约束条件
正向平衡分析	路网容量⇒停车设施需求⇒停车设施供给 ⇌比较 停车设施供给现状	路网交通量达到路网容量值
反向平衡分析	停车设施现状供给⇒停车设施需求⇒路网交通量 ⇌比较 路网现状容量	停车设施用地限值推出最大可能停车供应量

二、停车设施供应分布预测

1. 停车供需关系调控指数

(1) 停车供需调控指数定义

城市某区域停车供应泊位数和需求泊位数之比定义为停车供需调控指数。

从供需协调的角度,建立停车供需简化关系式如下:

$$\sum P_{si} \cdot U_{ri} = P_d \cdot R \qquad (7-1)$$

式中:P_{si}——第 i 类停车设施的供给量,$i=1、2、3$,分别指路内停车泊位、路外公共停车设施、配建停车设施三类;

U_{ri}——第 i 类停车设施的平均利用率;

P_d——停车泊位需求总量;

R——停车供需调控指数,代表停车供应对需求的满足程度,$R>1.1$ 代表扩大供给;$R=0.9\sim1.1$ 代表平衡供给;$R<0.9$ 代表限制供给。

(2) 调控指数的区间定义

一般而言,停车供需关系调控系数小于 0.9 属于限制供应区域;供需关系调控系数 0.9~1.1 属于平衡供应区域;停车供需关系调控系数大于 1.1 属于扩大供应区域。应依据停车分区,综合考虑交通、土地利用、规划调控要求等因素,确定每个分区的停车供需关系调控指数。

2. 停车设施分区供应分布预测

通过第 6 章介绍的停车设施需求预测方法，得出每个小区停车设施的需求量为 P_{dk}，该小区位于停车分区 n 中，则该小区的停车设施供应量计算公式如下：

$$P_{sk} = P_{dk} \cdot R_n \tag{7-2}$$

式中：P_{sk}——第 k 小区的停车设施的供给量；

P_{dk}——第 k 小区的停车泊位需求量；

R_n——第 n 停车分区的停车供需调控指数。

在得出每个分区的停车设施供应量之后，需累加各分区的停车设施供应量和停车设施需求总量作协调平衡，从而确定每个分区的停车设施供应量。

三、停车设施供应结构引导

本节主要分析城市不同区域各类停车设施的供应。

1. 停车设施供应结构引导

根据国家"九五"科技攻关专题"城市停车管理体制与法规研究"的分析，我国城市各类停车设施合理的结构比重为：公共停车设施车位占 17%～23%，配建停车位 77%～83%；路内停车、路外公共停车设施与配建停车设施的泊位之比近似 1:4:25～3:12:50。也就是说，在所有停车设施中，三类停车设施各区间比重近似为：路内停车设施车位占 3%～5%，路外公共停车设施车位占 13%～20%，配建的路外停车设施泊位占 75%～85%。

从以上可以看出，在三类停车设施中，配建停车设施最基本，占停车设施的主体；路外停车设施最重大，是公共停车设施的重要组成部分；路内停车设施结合道路状况机动设置。对于城市不同区域，可根据上表所示的城市总体停车设施结构要求结合停车设施现状作相应的浮动。其中，在城市中心区，路内停车设施所占比例可适当提高，但一般规划不应超过 10%，在城市边缘地区路内停车设施比例可取低值。

2. 不同类型停车设施分布预测

不同区域的停车设施需求量，即 $Q_{i需}$（第 i 分区的停车设施需求量），可分为两个部分，分别是第 i 分区的自备车位需求量 $Q_{i需1}$ 以及公共车位需求量 $Q_{i需2}$；$Q_{i供}$ 表示第 i 分区的停车设施供应量，由三个部分组成，分别是路外公共停车设施供应量 $Q_{i供1}$、路内公共停车设施供应量 $Q_{i供2}$ 以及配建停车设施供应量 $Q_{i供3}$。不同类型停车设施的供需关系如下图所示。

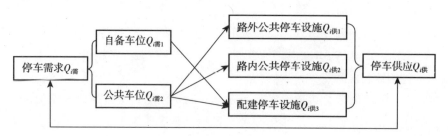

图 7-6 停车供需预测关系图

根据停车设施供应调控指数可以计算得出第 i 分区的停车设施供应量为：

$$Q_{i供} = R_i \cdot Q_{i需} \tag{7-3}$$

式中：R_i——第 i 分区的停车供应调控指数。

预测出各个分区的停车设施需求总量，按照合理确定的每个分区内各类停车设施供应比例，即可以得出每个分区停车设施的供应总量。根据供需统筹的理念，各个分区的供应量之和与需求总量之和应保持基本一致，即满足 $\sum_i Q_{i需} \approx \sum_i Q_{i供}$。

定义 $\alpha_i = \dfrac{Q_{i供1}}{Q_{i供}}$，为第 i 分区路外公共停车设施供应量占全部供应总量的比例；$\beta = \dfrac{Q_{i供2}}{Q_{i供}}$，为第 i 分区路内公共停车设施供应量占全部供应总量的比例；$\gamma_i = \dfrac{Q_{i供3}}{Q_{i供}}$，为第 i 分区配建停车设施供应量占全部供应总量的比例。于是，在确定分区的各类型停车设施供应比例后，即可确定各类型停车设施的供应分布。第 i 分区路外公共停车设施供应量为 $Q_{i供1} = \alpha_i \cdot Q_{i供}$；第 i 分区路内公共停车设施供应量为 $Q_{i供2} = \beta_i \cdot Q_{i供}$；第 i 分区配建停车设施供应量为 $Q_{i供3} = \gamma_i \cdot Q_{i供}$。

第八章 城市公共停车设施布局规划

第一节 城市路外公共停车设施布局规划

一、布局原则与要求

1. 布局原则

路外公共停车设施的布局应体现以下主要原则：

（1）公交优先的原则。要以城市交通发展战略为指导，支持城市交通发展战略目标的实现，特别是引导城市公交优先发展，鼓励公交出行方式，对中心区以及公交走廊等公交优势地区更应强化公交优先发展的条件。

（2）停车调控的原则。路外公共停车设施的规划布局对交通流有重要的组织和调控作用，规划布局不能单纯以满足停车需求为目标，还必须综合考虑社会经济、道路交通条件、土地利用性质、开发强度和环境等多目标的要求。

（3）节约用地的原则。停车设施建设形式应因地制宜，尽量减少拆迁和投资，节约土地。在用地紧张的地区应以立体停车设施为主。另外，地下车库具有节约城市用地，有利于景观和环境保护，有利于组成城市立体交通体系等优点，也应是主要停车形式之一。

（4）远近结合的原则。充分考虑公共停车设施规划实施的可行性，使停车设施建设既能满足近期要求，又能为远期发展留有余地。

2. 布局要求

（1）土地利用条件

公共停车设施布局需要与周边土地利用相协调。土地利用性质决定了公共停车设施是否需要，这是公共停车设施布局的前提；土地利用强度决定了公共停车设施的需求量。

公共停车设施的布局应考虑周边用地的规划和建设条件。公共停车设施的选址布局应考虑拟征用的土地是否存在建筑物，是否有地下、地上的管线改造，是否需要进行地质水文处理等，这些都包括在停车设施建设开发的费用以内。

（2）道路交通条件

连接停车设施出入口的城市道路，其通行能力应能够承受停车设施建成后所产生的叠加交通量。

不同道路等级、不同交通流状况对停车设施的出入口有较大的影响。停车设施的出入口应尽量避免设置在城市主干路和交通量较大的次干路上，如果出入口必须设置在这两类道路上，则应当对出入口的道路进行适当展宽以满足车辆进出的需要。出入口应尽量安排为右进右出。

（3）停车设施的可达性

停车设施的布局应使停车设施的使用者到达目的地的距离保持在可承受的范围内，

城市规模不同，停车设施步行距离有所差别，一般来说中小城市不宜超过200m，特大城市、大城市不宜超过300m，最大不超过500m。周转率要求高的停车设施应尽量减小停车设施和目的地之间的距离，增加使用便捷性；周转率要求一般的停车设施，则可以距离目的地稍远，以减少停车设施对道路交通和目的地出入口的干扰。

（4）停车设施的规模

停车设施容量过大影响设施利用率和经济效益，而停车设施容量小，满足不了区域停车需求，也会影响城市交通系统的正常运转。一般大城市经济停车设施规模为200辆（标准小汽车）左右，公共停车设施泊位数不宜超过300个。大型超市和商场等停车设施规模可根据实际情况确定。中小城市单个停车设施的规模可以适当减小。停车设施的设置首先应考虑近期的需求，还应考虑周边土地利用和交通状况，保持区域动静态交通相对平衡。

（5）出入口的设置

停车设施的出入口应尽量设置在次干路和支路上，并尽可能远离交叉口，以免造成主干路和交叉口交通组织的混乱。容量为50个泊位以上的停车设施，其出入口距道路交叉口宜大于100m，以避免车辆进出频繁时干扰道路和交叉口的正常交通，同时也可避免交叉口为红灯时排队车辆阻塞停车设施的出入口。路网密度较大和街区规模较小的情况，出入口距交叉口可小于100m，但需设置在交通流量较小的路段上。对一些较繁忙的交通干路应尽量避免停放车辆的左转出入，根据交通饱和度状况可以考虑高峰时段内禁止左转。快速路附近的停车设施，其车辆必须通过停车设施专用道或快速路两边的慢车道进出。

（6）停车行为

对停车行为的分析表明，停车者步行至目的地的距离、停车设施的收费、停车设施的使用效率、停车者使用停车设施的习惯、停车泊位的搜索时间等因素对停车行为决策起到关键作用，也是公共停车设施布局需要考虑的因素。

二、设施优化选址方法与模型

1. 概率分布模型[①]

该模型从概率选址的角度出发，假设前提为：每个停车者首先考虑停泊最易进入的停车设施，如无法停泊则考虑下一个最易进入的场地，直至获得一个可接受的场地。

将区域内所有停车设施按顺序排列，最易进入的编号为1，次易进入的编号为2，依次类推，可以用一组整数1，2，…，m 来表示区域内的停车设施。

假设停车者考虑第一个场地时接受的概率为P，则拒绝的概率为$1-P$，如果第一个场地被拒绝，则用同样方式考虑第二个场地，不断重复此过程，直至选中某场地为止，可以得到下述公式：

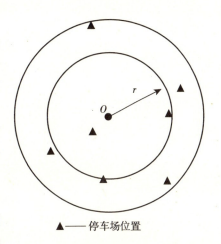

▲——停车场位置

图8-1 概率分布模型示意图

---

① 陈峻. 城市停车设施规划方法研究 [D]. 南京：东南大学出版社，2000.

(1) 选中第 m 个停车设施的概率为：

$$P(m) = P \cdot (1-P)^{m-1} \tag{8-1}$$

若有 N 辆车有停车意向，则进入第 m 个停车设施的车辆数为：

$$N \cdot P \cdot (1-P)^{m-1} \tag{8-2}$$

(2) 前 m 个停车设施都未被选中的概率为：

$$P_r(m) = (1-P)^m \tag{8-3}$$

选中前 m 个停车设施中一个的概率为：

$$P_a(m) = 1 - (1-P)^m \tag{8-4}$$

在实际中，可能是一批停车设施处于同一个被选择层次，因此将上述思路推广，假设在中心商业区，到中心商业区 O 距离为 r 处的停车设施密度为 $D(r)$，如图所示，假设 r 越小，停车者优先选择该处的停车设施，且被选择概率为 P。则半径 r 内的停车设施数为：

$$m(r) = \int_0^r D(r) \cdot 2\pi r \mathrm{d}r \tag{8-5}$$

停车者进入半径为 r 区域内停车概率为：

$$P_a(r) = 1 - (1-P)^{m(r)} \tag{8-6}$$

如区域停车需求总量为 N，则分布在半径为 r 区域内的停车需求量为：

$$N_a(r) = N \cdot [1 - (1-P)^{m(r)}] \tag{8-7}$$

该公式表明 $m(r)$ 个停车设施拥有 $N_a(r)$ 个泊位数才能满足要求，而停车需求的变化率为：

$$n_a(r) = \frac{\mathrm{d}N_a(r)}{\mathrm{d}r} = (1-P)^{m(r)} \cdot \ln\left(\frac{1}{1-P}\right) \cdot D(r)2\pi r \cdot N \tag{8-8}$$

即愿意在距商业区中心 r 处停车的停车者为 $n_a(r)$。

概率模型形式简单，但这个模型是停车设施选址规划分析的基础，其中两个前提是抽象假设：①该模型将每个停车者的停车意向都表达为概率 P，而且顺序选择，并未考虑选择停车设施的随机性；②模型假设距区域中心距离越短就越容易进入，而停车者在实际停车时更多考虑的是距目的地最近的停车设施。其他公共停车设施布局模型多是在此基础上发展而来。

2. 最大熵模型

(1) 模型建立的思路

在区域内细分交通小区，以每个交通小区作为一个停车生成源，同样将区域内停车设施作为停车的吸引源，各小区生成的停车需求全部分配在该区域的停车设施内。以上假设可以表达为：

$$\begin{cases} \sum_i Q_{ij} = A_j \\ \sum_j Q_{ij} = D_j \\ \sum_i \sum_j Q_{ij} = \sum_i D_i = \sum_j A_j = G \end{cases} \tag{8-9}$$

式中：i, j——停车生成源的交通小区和吸引源的停车设施编号；

Q_{ij}——由 i 小区生成并停放于设施 j 中的车辆数;

D_i——第 i 小区生成的停车需求数;

A_j——停车设施 j 处的停放车辆数;

G——停车设施需求总数。

在由停车生成点、停车设施、道路网络、停放车辆等组成的系统中,停车分布矩阵 $\{Q_{ij}\}$ 可作为随机变量的集合,任何特殊的分布矩阵 $\{Q_{ij}\}_\alpha$ 只是该对称系统中的一个状态,由此可定义该系统的熵,然后在关于该系统的约束下求解使系统熵为最大的状态。

(2) 模型的建立

模型的具体形式见上式,为便于利用最大熵原理,对模型作以下变换:

$$\begin{cases} a_i = D_i/G \\ b_j = A_j/G \\ P_{ij} = Q_{ij}/G \end{cases} \qquad (8-10)$$

a_i 表示每辆车由第 i 小区生成的概率;b_j 表示每辆车停放于停车设施 j 的概率,而 P_{ij} 表示每辆车由第 i 小区生成并停放于停车设施 j 的概率。将式 8-10 代入式 8-9 可得:

$$\begin{cases} \sum_i P_{ij} = a_i \\ \sum_j P_{ij} = b_j \\ \sum_i a_i = \sum_j b_j = 1 \end{cases} \qquad (8-11)$$

可定义分布 P_{ij}, $i = 1, 2, \cdots, k$, $j = 1, 2, \cdots, s$ 的熵为:

$$H(P_{ij}), 1 \leq i \leq k, 1 \leq j \leq s = -\sum_j^s \sum_i^k P_{ij} \cdot \ln(P_{ij}) \qquad (8-12)$$

此外,在停车分布中,步行距离、停车收费、汽车可达性等都可作为停车分布的阻抗,因此有必要引入广义费用系数 C_{ij} ($i = 1, 2, \cdots, k$, $j = 1, 2, \cdots, s$)。如整个系统要求总费用在最大限度 C 内,则可以对系统产生约束条件:

$$\sum_{i=1}^k \sum_{j=1}^s C_{ij} P_{ij} \leq C \qquad (8-13)$$

从而可以得到如下非线性模型:

$$\text{gl.} \quad \max(H) = -\sum_j^s \sum_i^k P_{ij} \cdot \ln(P_{ij}) \qquad (8-14)$$

$$\begin{cases} \sum_i P_{ij} = b_j & j = 1, 2, \cdots, s \\ \sum_j P_{ij} = b_j & i = 1, 2, \cdots, k \\ \sum_i a_i = \sum_j b_j = 1 \\ \sum_{i=1}^k \sum_{j=1}^s C_{ij} \cdot P_{ij} = K_c \\ P_{ij} \geq 0 \end{cases} \qquad (8-15)$$

式中:K_c——广义函数。

(3) 模型的求解和应用

停车分布最大熵模型的计算结果将给出规划区域内各停车设施的分布，该模型通过供应和需求的合理分配，为停车设施的选址规划提供了较好的思路，但在具体使用时，需经过模型参数的标定、调查数据的检验等多个步骤，而且计算复杂，在程序的编制和实际中不易应用。

3. 多目标对比系数模型[1]

多目标对比系数法的原理主要是通过多目标决策分析来解决停车设施的多个备选地址的选优问题。

(1) 优化选址的目标

对于某一个区域而言，出于不同因素的考虑，停车设施的布置会有多种方案，这就产生了多个方案的优选问题。停车设施选址优化的目标是使停车设施的总体效益最高，停车设施不仅能为停车者提供便捷的泊车服务，也能为吸引停车者的公共设施的业务提供最大停车容量，同时使建造者的建设费用最低。主要目标表现在：最大限度地满足服务范围内的停车需求；泊车者步行距离最小；停车设施的服务能力最强，利用率高，运营成本低；建设成本最低；尽量不需要调整现有城市规划。

(2) 优化选址的原理

城市停车设施的综合效益体现在使用者与经营者两个方面。使用者利益表现在步行距离短、停车方便；经营者利益表现在建设费用低、营运成本小、停车设施吸引能力强、利用率高等。协调这两方面的利益，可建立停车设施优化的目标函数。

$$\min Z = N_i \cdot f(d_i + t_i + c_i) \tag{8-16}$$

式中： N_i——区域内停车需求量，由停车需求预测得到，作为限制条件；

$f(d_i + t_i + c_i)$——优化选址的阻抗函数；

d_i——泊车者平均步行距离；

t_i——停车设施总成本，主要为土地开发费、建设费、营运成本、维修成本等；

c_i——其他影响因素，如现有停车设施、停车设施收费、与城市规划的协调性、对周围环境的影响程度等。

函数 $f(d_i + t_i + c_i)$ 可由概率分布原理和现状调查获得，分别建立停车吸引与泊车者平均步行距离的模型，停车吸引与停车设施社会总成本的模型，在允许范围内，使所有停车者由停车生成点到停车设施的步行距离最短，建设停车设施的总成本最低，就可得到模型的最优解。最好统一考虑两因素建立模型，对两者进行偏导，解二元偏导方程得到最优解。

(3) 多目标决策中的对比系数法

设有 n 个目标（影响停车设施选址的因素）$a_1, a_2, \cdots a_n$，记 $N = \{1, 2, \cdots n\}$ 拟定 m 个决策方案（备择方案）$x_1, x_2, \cdots x_m$，记 $M = \{1, 2, \cdots m\}$，方案 x_i 对于目标的取值记为 $a_j(x_i)$，称为目标函数。目标函数 $a_j(x_i)$ 越大，说明方案 x_i 在目标 a_j 下越

---

[1] 胡光明. CBD 路外停车场（库）的多目标规划 [J]. 武汉城市学院院报，1992 (9)：1~2.

优。目标函数对于某一指定目标具有可比性，即对于任意 k、$s \in M$，存在 $j \in N$，使得 $a_j(x_k)$ 与 $a_j(x_s)$ 可比。

优选准则 I：在指定目标 a_j 下，若 $a_j(x_k) > a_j(x_s)$，则方案 x_k 优于 x_s。

为了能够在多目标共同制约下，进行多方案综合比较，定义一个综合对比系数 f_i，$f_i = \sum f_{ij}$，要求 $i \in M$，$j \in N$，其中：$f_{ij} = \dfrac{[a_j(x_i) - D_j]}{E_j}$，而 $D_j = \min\{a_j(x_i)\}$，$j \in N$，$E_j = \{a_j(x_k) - a_j(x_s)\}$，$K, S \in N$。

以上定义的对比系数 f_i 综合反映了 x_i 在多目标的优劣性，通过比较 f_i 的大小，可以得到多个方案的优选序列，从而确定最佳方案。

若记 $U = \{a_j \mid j \in N\}$ 为目标集合，则在多目标 U 下，有优选准则 II：对于任意 $K, S \in M$，若 $f_K > f_S$，记为：$f_K = \max\{f_i\}$，$i \in M$，则 x_k 为在多目标下的最优方案。

在城市停车设施规划中，各因素对选址的影响程度不同，可通过确定各因素的权重考虑，此时综合对比系数 f_i 的定义式可改为：$f_i = \sum w_j \cdot f_{ij}$，$i \in M$。

w_j 为目标 a_j 的权重，且满足归一化。即满足以下条件：$\sum w_j = 1$，且 $0 \leq w_j \leq 1$，$i \in M$。

(4) 计算步骤

应用多目标决策的对比系数法进行路外停车设施的选址优化，其具体分析步骤为：

① 根据城市规划，确定选址优化的区域和规模；
② 根据规划区域的大小和位置，确定备选方案的个数和位置；
③ 选择影响因素，确定多目标函数值 $a_j(x_i)$；
④ 根据现状调查和有关规划资料，确定各目标的权重 w_j；
⑤ 对任意目标 a_j（$i \in M$），计算 E_j；
⑥ 对任意目标 a_j（$i \in M$），任意 x_i（$i \in M$），求 f_{ij}；
⑦ 对任意 x_i（$i \in M$），求综合对比系数 f_i；
⑧ 依据优选准则 I，对多方案进行优选排序，或从多方案中选定一个满意的方案。

(5) 影响因素的定量分析

如前所述，影响城市停车设施选址的因素，主要有停车后的步行距离，停车发生源的规模、性质及分布，停车设施土地开发费，连通街道的交通状况，停车设施的收费制度，现有停车设施的作用，与城市规划的协调性等。

① 停车后的步行距离 a_1

a_1 用备选地址与停车需求发生源平均距离 d 的倒数表达：

$$a_1 = \frac{1}{d} \qquad (8-17)$$

其中：$d = \dfrac{\sum_{k=1}^{n} d_k}{n}$

式中：d——备选地址与停车需求各主要发生源的平均距离；
d_k——备选地址与停车需求发生源 k 的距离；
n——停车需求发生源的个数。

上述公式仅仅表达了停车发生源的分布,但是停车发生源的规模、性质不同,对停车的吸引力也不同,停车发生源的规模越大,吸引停车能力就越强,停车者对步行距离容忍度就越高。其规模可用各种指标表示,如建筑面积、经营面积、服务岗位数、营业总额等,吸引强度用强度系数表示。在各类公共设施中,对车流吸引最强的是车站、百货商店、大型宾馆、重要行政机关等,其次是饮食、一般行政机关等,而工业、其他专业性商店、招待所吸引力较小。其指标用停车率表示,通过现状调查或有关资料得到。a_1 可把三种因素综合考虑,即

$$a_1 = \frac{1}{d} \tag{8-18}$$

其中,$d = \sqrt{(x_0 - x_j)^2 + (y_0 - y_j)^2}$,$x_0 = \frac{\sum N_k \alpha_k \beta_k x_k}{\sum N_k \alpha_k \beta_k}$,$y_0 = \frac{\sum N_k \alpha_k \beta_k y_k}{\sum N_k \alpha_k \beta_k}$

式中:d——备选地址与停车需求发生源形心的距离;

x_0,y_0——停车需求中心的坐标;

x_j,y_j——备选地址的坐标;

x_k,y_k——停车需求发生源形心的坐标;

N_k——停车发生源的规模;

α_k——停车发生源的吸引强度;

β_k——停车发生源的停车率。

②停车设施的土地开发费 a_2

停车设施的土地开发费包括征购土地费、拆迁费、建造费等,它是停车设施选址的重要因素之一,特别是对于用地紧张、建设费较高的中心地区尤其重要。一般可直接采用折算的建设费作为比较指标,但不同的备选地址之间建设费用往往相差悬殊,从而导致在综合分析中比其他因素具有更高的灵敏度,可取建设费用的负幂函数作为代用指标。

$$a_2 = F^{-r} \tag{8-19}$$

式中:F——为直接建设费;

r——为适当的缓和指数,$0 < r \leq 1$。

当规划的停车设施目前难以确定详细的建设费用时,可用备选地址停车设施造价和规划停车设施造价的比值作为代用指标。

③停车设施的出入口设置 a_3

停车设施出入口设置是否合理直接关系到停车设施的使用率和社会经济效益。停车设施出入口设置在不同等级道路上,其设置的合理性也不同。

停车设施出入口设置 a_3 的标定一览表　　表 8-1

道路等级	位　置	
	平交口(附近)	路段
主干路	1	2
次干路	2	3
支路	3	4

④周围道路的交通状况 a_4

停车设施的可达性不仅与出入口道路等级有关,也与道路的交通状况密切相关。连通停车设施的出入口道路,应能容纳设置停车设施后增加的交通量。本指标可用道路通行能力与道路交通量之比来表示,即:

$$a_4 = \frac{c}{v} \quad (8-20)$$

式中:c——道路通行能力;
v——道路实际交通量。

⑤停车设施的收费 a_5

对停车设施的管理制度和收费不同,也会对停车吸引和停车设施的选址有影响,可用实际收费额的倒数表示,即:

$$a_5 = \frac{1}{Z} \quad (8-21)$$

式中:Z——实际收费额。

⑥已有停车设施的影响 a_6

已有停车设施包括现有的停车设施和现有的大型停车设施。为了提高停车设施的利用率,应尽量均匀布置停车设施。同时现有停车设施的吸引力越大,对停车设施的需求越大,反之,负荷度越小,对停车设施的需求越小,可用下式表示:

$$a_6 = d_i \cdot c_i \quad (8-22)$$

式中:d_i——备选地址与已有停车设施的距离;
c_i——现有停车设施的负荷度。

⑦与城市规划的协调性 a_7

这是一项定性分析因素,可分为协调、一般、不协调,对应的指标值分别为 2、1、0。这项指标主要体现停车设施对环境的影响。商业、工业对交通环境的要求较低,可设大型停车设施,而居住区对交通环境要求较高,不应设大型停车设施。

在上述 7 项因素的标定中,均经过适当的数学处理,使各项指标取值越大越显优越,从而保证了在综合评价中指标趋向的一致性。另外,所定的备选方案中的某一项因素相同或接近时,这一项因素可不参与比较,以减少计算工作量。

4. 多目标决策模型[①]

运用多目标规划的方法,对停车设施规划中的重要因素如步行距离、泊位供应、投资费用等进行优化,而另一些影响较小或难于量化的指标则在规划方案的决策中评价(如停车设施建设的经济性、对动态交通的影响等因素),从而得出停车设施布局优化的方法。

(1) 约束型停车设施选址规划模型

①选址原则

---

① 陈峻. 城市停车设施规划方法研究 [D]. 南京:东南大学出版社,2000.

很多城市规划项目往往先于交通规划进行，而停车设施的规划也只有到了停车矛盾极为突出时才会受到重视并予以实施。这种情况在很多历史悠久、土地开发密集的旧城区尤为普遍。由于土地资源等多方面条件的限制，停车设施的选址只能在有限的位置进行。如果停车设施和目的地的距离过长，则应改善步行条件。在这样的条件下，着重应考虑的选址原则为：

a. 停车设施出入口的道路通行能力限制。

b. 停车设施建设的经济性。

c. 停车设施建设对于周边景观的影响。

② 模型参数及约束条件分析

a. 停车设施的位置选择以服务整个规划区域的停车为目标，规划区域内任一停车生成点均应有相应的停车设施为其服务，而每处停车设施也必须有相应的停车生成点作为服务对象。

b. 区域内停车设施的泊位供应总量上尽可能接近或者满足各停车需求点的泊位需求，而对于每一个规划的停车设施，由于资源条件等各方面的限制，其可供建造的泊位数量又有所限制。

c. 对停车设施的规划是寻求整体上的最优，因而不能仅仅以总步行距离最短为单一目标，而在满足其他约束的基础上尽可能减少费用是每个投资者都相当关心的问题。

d. 在投资最小化公式中，变量的取值由停车设施服务范围的土地利用性质决定。

③ 约束型停车选址模型建立

约束型模型考虑多个目标对停车设施泊位分配及建造方式等的影响，在约束条件下实现整体的优化，即"总步行距离 T 最短、总建造成本 C 最低、总泊位供应 H 最大"。

如图 8-2 所示，设规划区域划分为 n 个功能小区，相应分布有 n 个停车需求点，其中第 i 个需求点的坐标为 (x_i, y_i)，停车需求量为 d_i，$i \in (1, n)$ 为已知变量。区域内已有公共停车设施 h 个，其中第 l 个停车设施的坐标为 $(\tilde{x}_l, \tilde{y}_l)$，泊位数为 $\tilde{P}_l$，均为已知变量，第 l 个已有停车设施可能服务于第 i 个停车需求点的停车数量 $\tilde{A}_{ij}$ 为待求变量，$l \in (1, h)$。可供选择的停车设施数最多为 S_{max} 个，最少为 S_{min} 个，拟选用其中 m 个候选位置，其中第 j 个停车设施候选位置的坐标为 $(\bar{x}_j, \bar{y}_j)$ 为已知变量，需规划的停车泊位数量 p_j 为未知变量，$m \in (S_{min}, S_{max})$，$j \in (1, m)$，第 j 个停车设施服务于第 i 个停车需求点的停车数量为 A_{ij}。

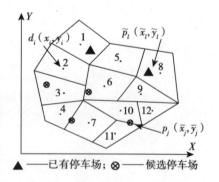

图 8-2 约束型选址规划示意图

则模型可表达为：

$$gl.\begin{cases}\min(T) = \min\left(\sum_{i=1}^{n}\sum_{j=1}^{m}t_{ij}\cdot A_{ij} + \sum_{i=1}^{n}\sum_{l=1}^{m}\tilde{t}_{il}\cdot\tilde{A}_{il}\right)\\ \min(C) = \min\left\{\sum_{j=1}^{m}(B_j\cdot p_j\cdot \lambda_k + p_j\cdot E_k)\right\}\\ \max(H) = \max\left(\sum_{j=1}^{m}p_j + \sum_{i=1}^{h}\tilde{p}_j\right)\end{cases} \quad (8-23)$$

$$st.\begin{cases}t_{ij} = \sqrt{(x_i-x_j)^2+(y_i-y_j)^2},\ t_{il} = \sqrt{(x_i-\tilde{x}_l)^2+(y_i-\tilde{y}_l)^2}\\ a_{ij} = \begin{cases}1 & t_{ij}\leq R\\ 0 & t_{ij}>R\end{cases}\\ \sum_i a_{ij} + \sum_i a_{il} \geq 1 \quad j=1,2,\cdots,m, l=1,2,\cdots,h\\ \sum_j a_{ij} + \sum_l a_{il} \geq 1 \quad i=1,2,\cdots,n\\ \sum_{i=1}^{n}A_{il} = p_j \quad j=1,2,\cdots,m\\ \sum_{i=1}^{n}A_{il} = \tilde{p}_l \quad l=1,2,\cdots,h\\ \sum_{j=1}^{m}A_{ij} + \sum_{l=1}^{h}\tilde{A}_{lj} = d_i \quad i=1,2,\cdots,n\\ \sum_{j=1}^{m}(B_j\cdot p_j\cdot \lambda_k + p_j\cdot E_k) \leq C_{\max}\\ \sum_{j=1}^{m}p_j \geq H_{\min}\\ P_j^{\min} \leq p_j \leq P_j^{\max}\\ A_{ij} \geq 0, \tilde{A}_{il} \geq 0 \quad i=1,2,\cdots,n, j=1,2,\cdots,m\end{cases}$$

模型的目标向量为 $G = (T, C, H)$，决策变量为 A_{ij}，$\tilde{A}_{il}$，m，其中 $i\in n, j\in m$。

④模型参数及约束条件分析

Ⅰ.设 R 为停车者步行至目的地的步行距离上限（通常 $R<300\text{m}$），则停车设施位置与停车生成点的服务关系可以通过 R 衡量。设 t_{ij} 为第 i 个停车需求点到第 j 个停车设施的距离，则

$t_{ij} = \sqrt{(x_i-\bar{x}_j)^2+(y_i-\bar{y}_j)^2}$，设 $a_{ij} = \begin{cases}1 & t_{ij}\leq R\\ 0 & t_{ij}>R\end{cases}$，其中 $a_{ij}=1$ 表示第 i 个停车需求点可由第 j 个规划停车设施服务，$a_{ij}=0$ 表示无法服务到。为满足以上条件，要求 $\forall i\in n, \exists \sum_{j=1}^{m}a_{ij} + \sum_{l=1}^{h}a_{il} \geq 1$ 及 $\forall j\in m, l\in h, \exists \sum_{i=1}^{n}(a_{ij}+a_{il}) \geq 1$。

Ⅱ.定义第 j 个候选停车设施建造泊位的上、下限分别为 $(P_j^{\min}, P_j^{\min})$，则区域内总步行距离的计算公式可以表示为：

$$T = \sum_{i=1}^{n}\sum_{j=1}^{m} t_{ij} \cdot A_{ij} + \sum_{i=1}^{n}\sum_{l=1}^{h} t_{ij} + \tilde{A}_{il}$$

并满足条件

$$\sum_{i=1}^{n} A_{ij} = p_j, \sum_{i=1}^{n} \tilde{A}_{il} = \tilde{p}_l, \sum_{j=1}^{m} A_{ij} + \sum_{l=1}^{h} \tilde{A}_{il} = d_i, P_j^{\min} \leq p_j \leq P_j^{\max}$$

Ⅲ. 停车设施的投资费用也是必须考虑的重要问题之一。对某个区域停车投资不可能无限多，而尽可能在满足其他约束的基础上减少费用是每个投资者都相当关心的问题。

公共停车设施的建造费用大致由三个方面决定：①第 j 个停车设施规划位置的土地单位价格，设为 B_j，$j = 1, 2, \cdots, m$，单位是万元/m^2；②第 k 种停车设施建造型式（平面、地下、立体停车楼）的泊位单位造价，设为 E_k，$k = 1, 2, 3$，单位是万元/泊位；③第 k 种停车建造型式每泊位占用的土地面积系数，设为 λ_k，$k = 1, 2, 3$，单位是 m^2/泊位。

如令 C 为规划区域停车设施建设总投资费用，$C_{\max}$ 为区域停车设施总投资的上限额，则对建造总投资的优化可以表达为：

$$\min(C) = \min\left\{ \sum_{j=1}^{m}(B_j \cdot p_j \cdot \lambda_k + p_j \cdot E_k) \right\}, m \in (S_{\min}, S_{\max}), 其中 p_j = \sum_{i=1}^{n} A_{ij}, C \leq C_{\max}。$$

Ⅳ. 在投资最小化公式中，变量 B_j 的取值由第 j 停车设施所在位置（所在小区）的土地利用性质决定，具体规划时，应建立区域内各功能小区的单位土地价格的数据库，如表 8 - 2 所示：

土地单位造价资料表　　　　　　　　　　　　　　　表 8 - 2

功能小区编号	1	2	3	……	12
土地单位造价（万元/m^2）	B_1	B_2	B_3	……	B_{12}

如土地由划拨取得，则 $B_j = 0$。

对 E_k 的量化可参照近年来各类型停车设施的单位建造费用确定，下表给出了三种典型建造型式停车设施的情况：

典型停车设施单位造价表　　　　　　　　　　　　　表 8 - 3

类型	平面停车设施	地下停车设施	立体停车楼
单位造价（万元/泊位）	0.5 ~ 1.0	3.0 ~ 8.0	5.0 ~ 12.0

λ_k 的取值同样由停车设施建造类型决定，①平面停车设施 λ_1，以垂直式停车为例，设计参数如表 8 - 3；②地下停车设施 λ_2，取值通常同平面停车设施；③立体停车楼 λ_3，由于立体停车楼采用以空间换面积的形式，不能用"每泊位占用土地面积"作为单位来衡量，通常直接计算停车楼的占地，以双排电梯升降式停车楼为例，占地面积在 $100m^2$ 左右。至于每一停车设施建造型式的确定，应考虑土地利用状况、土地成本、建造费用等，参照表 8 - 4，并以候选停车设施位置所属的土地性质为依据，以此作为 E_k 与 λ_k 确定的基础。

平面停车设施单位停车面积表　　　　　　　　　　　表 8 - 4

车型分类	小型车	中型车	大型车
单位停车面积（m^2/泊位）	15.7	34.4	53.4

Ⅴ. 在规划区域的停车需求总量 $\sum_{i=1}^{n} d_i$ 确定后,除了已有公共停车设施外,区域停车设施的总泊位数如不能满足预测总需求,则应达到泊位总量的最低满意值。这里设为 $H_{\min}$,目标是:

$$\max(H) = \max\left(\sum_{j=1}^{m} p_j\right), m \in (S_{\min}, S_{\max}),\text{其中 } H \text{ 为规划泊位总量,且要求} \sum_{j=1}^{m} p_j \geq H_{\min}。$$

该模型可以采用多目标线性规划问题解决。

(2) 无约束型停车设施选址规划模型

①选址原则

无约束选址模型是为解决不给出任何位置限制的停车设施规划而建立的,该模型适用于对土地已使用较少区域的停车设施选址。与约束型模型相比,理论上将获得更好的选址效果,适应性更强,而计算量也将更大。在这样的条件下,首先应考虑的选址原则为:

Ⅰ. 城市用地类别,停车设施布置的数量及规模应在城市规划确定的各类用地布局和开发强度基础上进行统筹考虑。

Ⅱ. 停车设施到目的地的步行距离上限不应过大,从机动车停车设施到停车需求点距离控制在300m以内为宜。

Ⅲ. 各规划小区的停车设施宜采用分散布局的原则。除大型商业设施外,规模不宜大于300泊位,停车设施的服务半径应有所限制。

Ⅳ. 从节约用地的角度,尽可能提高选址方案的综合开发可能性和建筑面积密度,以保证停车设施的合理容量和形式,提高建设投资效益。

②模型参数及约束条件分析

无约束选址模型和有约束选址模型在模型参数和约束条件上基本相同,但是由于无约束条件下停车设施位置的不确定性,其所处位置的土地利用性质也无法直接获得,相应的停车设施建造型式难以选择,因此征地费用、单位泊位造价等相关的变量取值随意性较大,对其进行投资费用的估算难于用公式直接表达,因此在无约束选址模型中,暂不考虑投资费用对停车设施规划的影响。

③模型建立

无约束停车选址模型以区域停车设施服务水平最高为目标,即"停车者至目的地总步行距离最短、泊位供应数最多"。模型的决策变量为 $\{(x_j, y_j), A_{ij}, \tilde{A}_{il} \mid j \leq m, l \leq h, m \in (S_{\min}, S_{\max})\}$,具体形式可表达如下:

$$\text{gl.}\begin{cases}\min(T) = \min\left(\sum_{i=1}^{n}\sum_{j=1}^{m} t_{ij} \cdot A_{ij} + \sum_{i=1}^{n}\sum_{l=1}^{h} \tilde{t}_{il} \cdot \tilde{A}_{il}\right) \\ \min(-H) = \min\left(-\sum_{j=1}^{m} p_j - \sum_{l=1}^{h} \tilde{p}_l\right)\end{cases} \quad (8-24)$$

$$\text{st.}\begin{cases} S_{\min} \leq m \leq S_{\max} \\ t_{ij} = \sqrt{(x_i - \bar{x}_j)^2 + (y_i - \bar{y}_j)^2}, \tilde{t}_{il} = \sqrt{(x_i - \tilde{x}_l)^2 + (y_i - \tilde{y}_l)^2} \\ \bar{x}_j \leq a, \bar{y}_j \leq b \\ a_{ij} = \begin{cases} 1 & t_{ij} \leq R \\ 0 & t_{ij} > R \end{cases} \\ \sum_i a_{ij} + \sum_i a_{il} \geq 1 \quad j = 1,2,\cdots,m, l = 1,2,\cdots,h \\ \sum_j a_{ij} + \sum_l a_{il} \geq 1 \quad i = 1,2,\cdots,n \\ \bar{t}_{ij} = \sqrt{(\bar{x}_i - \bar{x}_j)^2 + (\bar{y}_i - \bar{y}_j)^2}, \quad i \neq j, i,j = 1,2,\cdots,m \\ \bar{a}_{ij} = \begin{cases} 1 & \bar{t}_{ij} \leq B_{\max} \\ 0 & \bar{t}_{ij} > B_{\max} \end{cases}, \tilde{a}_{ij} = \begin{cases} 1 & \tilde{t}_{ij} \leq B_{\max} \\ 0 & \tilde{t}_{ij} > B_{\max} \end{cases} \\ \sum_{j}^{m} \bar{a}_{ij} + \sum_{l}^{h} \tilde{a}_{il} \geq 1 \quad i \neq j, i = 1,2,\cdots,m, l = 1,2,\cdots,h \\ \tilde{t}_{ij} \geq B_{\min}, t_{il} \geq B_{\min} \quad i \neq j, i,j = 1,2,\cdots,m, l = 1,2,\cdots,h \\ \sum_{i=1}^{n} A_{ij} = p_j \quad j = 1,2,\cdots,m \\ \sum_{i=1}^{n} A_{il} = \tilde{p}_l \quad l = 1,2,\cdots,h \\ \sum_{j=1}^{m} A_{ij} + \sum_{l=1}^{h} \tilde{A}_{lj} = d_i \quad i = 1,2,\cdots,n \\ \sum_{j=1}^{m} p_j \geq H_{\min} \\ P_j^{\min} \leq p_j \leq P_j^{\max} \\ A_{ij} \geq 0, \tilde{A}_{ij} \geq 0 \quad i = 1,2,\cdots,n, j = 1,2,\cdots,m \end{cases}$$

其中,a,b 分别为规划平面区域 X 与 Y 轴的上限。

该模型既有二维非线性约束,又有多目标规划的成分,是一个复杂的非线性离散型模型,可以采用遗传算法对问题进行求解。

5. 调控型停车设施布局规划方法

(1) 建立原则

本书提出的调控型停车设施布局规划方法在多目标决策模型的基础上优化,使得停车设施调控作用能够充分发挥,对模型的参数及约束条件作如下改进:

①区域范围内的停车设施应以供应总量为约束目标,改变由需求总量为约束目标的布局。

②区域停车设施的泊位供应总量应和区域的停车泊位供应调控策略相符合,具体点可调整,但是调整幅度不能改变分区停车供应策略。

③停车设施的位置选择以服务不同区域的停车规划调控目标为出发点。

④在调控型城市停车设施规划中，停车设施的布局仍然是寻求整体上的最优，这里的最优不仅仅以总步行距离最短为单一目标，停车调控对土地利用强度优化的目标也应包括在内，此外，对于停车设施的投资费用并不能以投资最省为优化目标，而需要分区域考虑，不同区域的停车设施在建设时需要有不同的建设投资费用目标。

（2）模型建立

调控型停车选址模型以"停车者至目的地总步行距离最短、停车设施供应和调控要求相差最小"为目标。模型的具体形式表达如下：

$$\text{gl.}\begin{cases} \min(T) = \min\left(\sum_{i=1}^{n}\sum_{j=1}^{m} t_{ij} \cdot A_{ij} + \sum_{i=1}^{n}\sum_{l=1}^{h} \tilde{t}_{il} \cdot \tilde{A}_{il}\right) \\ \min(-|H - g_j|) = \min\left(-\left|\left(\sum_{j=1}^{m} p_j + \sum_{l=1}^{h} \tilde{p}_l\right) - g_j\right|\right) \end{cases} \quad (8-25)$$

$$\text{st.}\begin{cases} S_{\min} \leq m \leq S_{\max} \\ t_{ij} = \sqrt{(x_i - \bar{x}_j)^2 + (y_i - \bar{y}_j)^2}, \tilde{t}_{il} = \sqrt{(x_i - \tilde{x}_l)^2 + (y_i - \bar{y}_j)^2} \\ \bar{x}_j \leq a, \bar{y}_j \leq b \\ a_{ij} = \begin{cases} 1 & t_{ij} \leq R \\ 0 & t_{ij} > R \end{cases} \\ \sum_{i} a_{ij} + \sum_{i} a_{il} \geq 1 \quad j = 1,2,\cdots,m, l = 1,2,\cdots,h \\ \sum_{j} a_{ij} + \sum_{l} a_{il} \geq 1 \quad i = 1,2,\cdots,n \\ \bar{t}_{ij} = \sqrt{(\bar{x}_i - \bar{x}_j)^2 + (\bar{y}_i - \bar{y}_j)^2}, i \neq j, i,j = 1,2,\cdots,m \\ \bar{a}_{ij} = \begin{cases} 1 & \bar{t}_{ij} \leq B_{\max} \\ 0 & \bar{t}_{ij} > B_{\max} \end{cases}, \tilde{a}_{ij}\begin{cases} 1 & \bar{t}_{ij} \leq B_{\max} \\ 0 & \bar{t}_{ij} > B_{\max} \end{cases} \\ \sum_{j}^{m} \bar{a}_{ij} + \sum_{l}^{h} \tilde{a}_{il} \geq 1 \quad i \neq j, i = 1,2,\cdots,m, l = 1,2,\cdots,h \\ \bar{t}_{ij} \geq B_{\min}, t_{il} \geq B_{\min} \quad i \neq j, i,j = 1,2,\cdots,m, l = 1,2,\cdots,h \\ \sum_{i=1}^{n} A_{ij} = p_j \quad j = 1,2,\cdots,m \\ \sum_{i=1}^{n} A_{il} = \tilde{p}_l \quad l = 1,2,\cdots,h \\ \sum_{j=1}^{m} A_{ij} + \sum_{l=1}^{h} \tilde{A}_{il} = d_i \quad i = 1,2,\cdots,n \\ \sum_{j=1}^{m} p_j \geq H_{\min} \\ P_j^{\min} \leq p_j \leq P_j^{\max} \\ A_{ij} \geq 0, \tilde{A}_{il} \geq 0 \quad i = 1,2,\cdots,n, j = 1,2,\cdots,m \end{cases}$$

其中，a，b 分别为规划平面区域 X 与 Y 轴的上限，g_j 是 j 区域的停车设施供应量。此外，对于不同区域，R 的取值范围上限可不同。在停车设施扩大供给和平衡供给区，停车设施到目的地的步行距离可设置在 300m；在停车设施限制供给区，停车设施到目的地的步行距离可根据调控要求适当扩大取值范围，一般可至 500m。

第二节 城市路内公共停车设施布局规划

公共停车设施中，路内停车是非常重要的组成部分。路内停车方便，周转率高，但会降低道路容量和车辆运行速度，容易发生交通事故。鉴于路内停车一般情况下弊多利少的特点，原则上应尽量减少路内停车；在对道路交通影响不大的前提下，合理设置并规范路内停车。

一、设置原则

符合交通发展战略要求。路内停车必须符合城市交通发展战略、城市交通规划及停车管理政策的要求，与城市风貌、历史文化和环境保护要求相适应。

与路段交通能力相协调。路内停车规划应根据路网状况、交通状况、路外停车规划及路外停车设施的建设情况，确定设置路内停车泊位的控制总量。根据周边开发、路外停车配置的动态和道路交通实际情况及时进行调整。

考虑交通走廊布局。路内停车规划应考虑公交车走廊和自行车走廊的布局，路内停车设施的布局既能和公交走廊有效衔接，又要避免路内停车规划路段与公交走廊和自行车走廊相冲突。

交通管理可控。路内停车泊位设置必须满足交通管理要求，并保证车流和人流的安全与畅通，对动态交通的影响应控制在允许范围内。

二、路内停车布局规划流程[①]

路内停车是城市交通管理的重要手段之一。为确保路内停车设置的合理性，从道路选择到最终方案确定不能仅凭主观判断，而需要有一定的工作流程。路内停车布局规划的技术流程如图 8-3 所示，分为以下五个步骤：

第一步，选择需要设置路内停车的道路路段，要根据道路条件与交通量状况对路段能否设置路内停车带做出初步的判断。

第二步，确定路内停车的设计目标：①控制路段车流的饱和度与延误；②路内停车带设置对社会总成本最小。

第三步，分析设置条件，包括道路条件与交通量条件。其中道路条件是：①路段宽度；②道路横断面形式（包括机动车道数、非机动车道的形式和车道隔离方式）等。交通量条件是指路段机动车、非机动车和行人的流量。如果道路和交通量条件不满足设置路内停车带，则需要对道路进行改造；如果道路难以改造或即使改造之后还难以满足要求，则表明该路段不适合设置路内停车带，需要重新选择其他道路。

第四步，主要研究路内停车带位置的合理选择，分析路内停车带与信号交叉口、道

---

① 梅震宇. 城市路内停车设施设置优化方法研究 [D]. 南京：东南大学出版社，2006.

路开口及人行横道的关系,以及受地形条件及特殊地带的限制等。

最后,对路内停车泊位的设计方法及其适用性进行研究,并在此基础上考察路内停车带的设置是否满足设计目标,如果不满足,则需重新设计路内停车带。

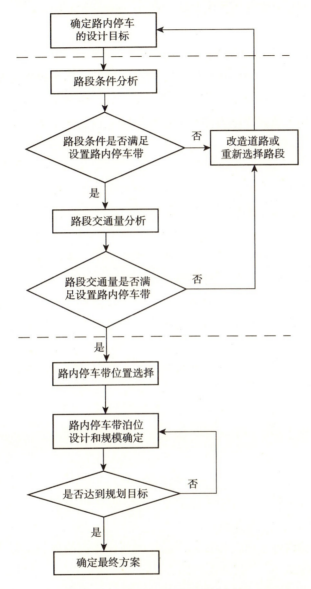

图 8-3 路内停车泊位布局规划流程图

此外,应建立定期的动态评估制度,每隔一段时间对设置路内停车泊位的效果进行动态评估,分析其设置位置及规模对道路交通流的影响程度,将分析结果作为是否对其进行调整的依据。

三、泊位选址

对于路内停车设施规划,应考虑交通流量、路口特性、车道数、路宽、单双向交通、公共停车设施及两侧土地使用情况等诸多影响因素。路内停车设施选址的一般要求是:

1. 禁止设置路内停车条件

①不得设置路内停车的地方，我国规定除人行道、桥梁、隧道内不准停车外，在交叉口、车辆进出口、人行横道、消火栓、专用停车标志、让路标志、公交站台、信号灯等前后一定距离内不准设置路内停车点。

②在主干路上、整幅路面都需用于通车的道路上，应禁止停车；纵坡超过4%的道路禁止布置路内停车。

③路内停车泊位与交叉口的距离不得妨碍行车视距，建议与相交的城市次干路缘石切点延长线的距离不小于20m，与相交的支路缘石切点延长线的距离不小于10m；单向交通出口方向，可根据情况适当缩短与交叉口的距离；路内停车泊位与有行车需求的巷弄出口之间，应留有不小于2m的安全距离；路内停车泊位的设置应给重要建筑物、停车设施等出入口留出足够的空间。

2. 允许设置路内停车条件

①住宅区、办公区、商务区等需要大量停车的地区，可在非主要道路上，提供路内停车的空间。

②市中心地区，一般来说，路内可以布置停车的地点难以适应路内停车需求。在道路交通条件允许的前提下，除尽可能在路内布设停车点外，还必须严格限制停车时间，提高停车周转率。

③道路最小宽度对设置路内停车的限制见表8-5。

设置路内停车泊位的道路最小宽度（单位：m）　　表8-5

通行条件	车行道路路面实际宽度	泊位设置
机动车双向通行道路	≥12	可两侧设置
	8~12	可单侧设置
	<8	禁止设置
机动车单向通行道路	≥9	可两侧设置
	6~9	可单侧设置
	<6	禁止设置
巷弄	≥9	可两侧设置
	6~9	可单侧设置
	<6	禁止设置

资料来源：《城市道路内汽车停车泊位设置标准》，江苏省工程建设标准。

④路内停车对道路交通的影响，其 V/C 值应控制在容许范围内，即次干路 $V/C \leq 0.85$，支路 $V/C \leq 0.90$。当 V/C 比值超过上述规定时，如仍要设置路内停车，则应对其影响作进一步分析后确定是否设置。

第三节　城市公共停车设施布局规划评价

本章前几节中对公共停车设施的选址规划进行了论述，提出了相关的选址模型。在实际操作中，还需要对通过模型得出的停车设施规划方案进行评价分析。

一、公共停车设施布局规划评价指标[1][2]

公共停车设施布局规划评价指标的选取主要包括两个部分，一部分是经济评价，另一部分是停车设施的服务水平评价。评价指标应体现新城区和旧城区取值的差异。旧城区停车设施布局评价侧重停车设施对停车需求的调控，并不是停车需求满足率越高越好。此外，旧城区交通结构方式优化、土地使用效益评价等指标的权重相对高于新城区。

1. 经济评价

停车设施项目的经济评价可分为财务评价和国民经济评价两部分，财务评价是指在国家现行财税制度和价格体系的条件下，分析计算项目的盈利能力和偿还能力，以此作为项目决策的依据；而国民经济评价则是从整体角度出发，计算建设项目对国民经济的效益，从而判断项目的合理性。

（1）财务评价

作为城市交通的基础设施之一，停车设施的建设通常不以盈利为首要的目标，但是为了适应并鼓励多渠道投资建设停车设施的需要，城市的停车设施尤其是公共停车设施在规划时应尽量做到投入产出的平衡，并具备一定的盈利能力。停车设施的财务评价主要包括以下三个方面。

①投资费用

停车设施建设的投资费用主要是由停车设施用地的价格、停车设施不同建造形式（平面、地下、立体停车楼）的造价决定。

②内部收益率

内部收益率是指停车设施建设项目在整个计算期内各年净现金流量现值等于零时的累计折现率，它反映了项目所占用资金的盈利率，是考察项目盈利能力的主要动态评价指标。

③投资回收期

投资回收期是指以停车设施建设项目的净收益抵偿全部投资所需要的时间。它是考察项目投资回收能力的主要静态评价指标。

（2）国民经济评价

对停车设施的国民经济评价包括对建设项目自身的直接效益和对外部环境影响的间接效益两部分，其直接经济效益体现为停车设施使用者获得的效益，间接效益体现为对停车设施附近地区各方面发展带来的促进。归纳起来有以下几个方面：

①车辆使用者出行时间上节约的效益；

②节约车辆运输成本的效益，指运输工具因停车设施的建设而节约的时间效益和车辆行驶里程缩短而降低的运输成本两个方面；

③减少事故与货损的效益；

④对服务区域各方面发展的贡献；

---

[1] 万威武，张东胜. 项目经济评价理论与方法 [M]. 西安交通大学出版社，1992.
[2] 张尧庭. 指标量化、序化的理论和方法 [M]. 北京：科学出版社，1999.

⑤停车设施对城市环境指标的影响，主要是其产生的噪声、废气以及对周围人文景观的影响；

⑥停车设施调控供应分布对土地利用的影响；

⑦分区停车设施结构优化对经济效益的优化评价。

2. 服务水平评价

停车设施的直接服务对象是停车设施的使用者，因此其服务水平的评价主要应从停车设施使用者的角度考虑，而不是、至少不只是从管理者的角度考虑。停车设施的服务水平评价主要包括停车设施泊位供应区域调控的要求、停车者步行至目的地的平均距离以及车辆停放的安全性等几个方面，其中区域停车泊位满足和步行距离对服务水平的影响更为突出。

（1）停车泊位供应调控的要求

停车泊位供应调控的要求是评价服务水平的重要指标，可以用以下公式表述：

$$S = \frac{1}{n} \sum_{t=1}^{n} \frac{P_t}{Q_t} \qquad (8-26)$$

式中：S——停车泊位供应调控要求；

P_t——t 年停车设施供给数；

Q_t——t 年停车设施供应调控数；

n——停车设施设计使用的年限。

在调控型城市停车设施规划指导思想下，停车泊位的供应并不一定要满足停车泊位的需求数，因此，停车泊位需求满足程度的指标应以规划目标为标准，而不是以满足停车设施需求数为标准。

（2）停车者步行至目的地距离

调查表明，停车者步行至目的地的距离是大部分停车设施使用者最为关心的问题，该指标也直接关系到停车设施的使用率、周转率等停车特性。步行距离的指标可以用停车者步行至目的地的平均距离来衡量，平均步行距离 $\bar{T}$ 可表示为：

$$\bar{T} = \frac{T}{\sum_j p_j} = \frac{\left(\sum_{i=1}^{n} \sum_{j=1}^{m} t_{ij} A_{ij} + \sum_{i=1}^{n} \sum_{l=1}^{h} \tilde{t}_{il} \tilde{A}_{il} \right)}{\sum_j p_j} \qquad (8-27)$$

式中：$\bar{T}$——平均步行距离；

T——停车设施距离目的地总的步行距离；

A_{ij}——第 j 个停车设施服务于第 i 个停车需求点的停车数量；

t_{ij}——第 i 个停车需求点到第 j 个停车设施的距离。

（3）对城市动态交通的影响

进行动态交通的评价，包括对改变路网交通流量、影响区域道路通行能力以及交通安全等方面的分析。

①通行能力影响

路外停车设施对路网通行能力的影响主要表现在由于停车设施而产生的附加交通量

和停车设施出入口对路段交通流的干扰。

路内停车对道路通行能力的影响表现在：路内停车占用道路车道宽度造成通行能力减小，路内停车产生车辆行驶侧向净空损失对通行能力的折减，以及车辆进出路内停车设施对通行能力的影响等三个方面。假定道路原来通行能力为 N，r_1、r_2、r_3 分别为车道路宽、侧向净空、路内停放出入对通行能力的折减系数，则设置路内停车设施后通行能力降为：

$$Q = N \cdot r_1 \cdot r_2 \cdot r_3 \qquad (8-28)$$

式中：r_1——车道宽度对通行能力的折减系数，一般取 0.9~0.95；

r_2——侧向净空对通行能力的折减系数，一般取 0.85~0.95；

r_3——路内停车设施对通行能力的折减系数，一般取 0.75~0.85。

若 Q 大于一天中的高峰小时车流量，则该路段设置路内停车对路段车流基本不影响；

若 Q 小于高峰小时车流量，则该路段设置路内停车对路段高峰车流影响较大，但在 Q 大于路段车流量的那些时段，仍可允许路内限时段停车，以达到道路的最大使用效率，使其在"行车"及"停车"两方面得到最佳的协调使用。

②交通安全影响

路内停车增加交通隐患，造成交通事故增多。国外对此也曾进行过专门研究。据美国 10 个城市的调查资料，由于路内停车引起的交通事故占街道区段（路口之间）交通事故总数的 53%。美国《交通工程手册》中也介绍了一些有关研究成果，如路内停车引发交通事故的主要原因、路内停车方式与交通事故的相互关系（斜角式停车比平行式停车更危险）。

交通安全的影响分析应区分路内停车和路外停车对交通安全影响的差异，路内停车可能增加交通事故，路外停车设施出入口设置是否合理对交通安全也有不同程度的影响。但是由于停车设施的兴建与改建，将使区域交通状况得到改善，与没有停车设施以前相比，区域交通事故总量得到减少。这里交通安全影响指标的量化，可以用交通事故降低的比例来反映区域交通状况得到改善，其中，交通事故降低率 = 有无停车设施的交通事故率之差/无停车设施交通事故率。

（4）停车设施出入口设置对动态交通的影响

路外停车设施与交通系统的协调，即它们之间的交互作用主要反映在交通流量（区域道路交通的流量，停车设施出入口的流量等）和它们之间的联系界面（进出口）。路外停车设施良好的出入口布置是一个重要因素，如果设计不当，将对停车设施内部交通和连接道路的交通产生严重影响。

二、公共停车设施布局规划综合评价方法[①]

1. 综合评分法

综合评分法是较为常用的一种评价方法，其具体步骤是：

（1）制定各项停车设施规划指标的评价标准；

---

① 陈峻，王炜，晏克非. 停车设施规划方案的多目标评价方法[J]. 公路交通科技，2000 (5).

（2）参加评价的人员根据经验和相关标准，对不同建设方案分别给出各项评价指标的具体评分；

（3）将不同方案的各项评分按一定计算方法归纳整理，得出各停车设施规划方案的综合评分；

（4）以综合评分为依据进行规划方案的排序或取舍。

综合评分法的优点是简单、易操作，能将一些定性的指标相对量化，并将定量和定性的评价结合成一个综合方式，从而为评价停车设施规划方案和分析方案之间的优劣提供了依据。其不足之处在于，由于各项指标评分标准的确定主要依靠经验，难以精确和更具说服力，而且在评价中，如果对权重和优先级处理不妥，将影响评价结果的科学性。

2. 费用—效益分析法

将不能用货币衡量的因素用补偿和调查的方法进行转化，然后计算其内部收益率或净现值等指标，以此作为停车设施规划方案的决策依据。由于各种非货币因素的衡量和转化十分复杂，涉及社会价值观等多方面的问题，而目前尚没有得到专家认可的转化方法与标准，因此该方法目前在国内还未成功地应用到实际案例。

3. 多指标决策方法

多指标决策是建立在方案设定的基础上，对已经得到的有限个离散的方案通过各项既定指标的限制，进行评价的数学方法。评价指标的权重越合理，求出的综合评价结果越可靠；反之，综合评价越可靠，反推求得的指标权重也越客观，因此评价算法和指标权重具有互为因果的关系。基于这种关系，分别从决策人员和规划人员两种角度出发，依据决策部门对规划方案的偏好计算初始权重，依据目标逼近算法进行方案排序操作，设计"指标权重→方案排序→指标权重"的循环反馈模型，在决策矩阵信息已知的条件下，运用多维偏好线性规划法与多目标逼近法，进行迭代分析。

第四节　城市公共停车设施规划管理要求

一、路外公共停车设施规划管理

1. 路外公共停车设施黄线管理

（1）城市总体规划

编制城市总体规划时，应当根据规划内容和深度要求，提出停车分区的划定要求，确定分区供应原则；合理布局城市大型路外公共停车设施；布局大型换乘枢纽的停车换乘设施；明确城市公交走廊沿线的停车换乘设置要求；确定城市中心区停车设施供应的总体规模；提出路内停车泊位设置原则。

（2）控制性详细规划

编制控制性详细规划，应当依据城市总体规划，落实城市总体规划确定的大型公共停车设施以及有单独用地的停车设施的用地位置、面积和出入口方位，划定停车设施用地界线，规定城市黄线范围内的控制指标和要求，并明确城市黄线的地理坐标。

对于与主体建筑进行综合开发的停车设施应当核算规划范围内停车泊位数，并落实到地块控制指标中。

在控制性详细规划中应根据总体规划，提出可以设置路内停车的路段。

2. 路外公共停车设施规划管理的引导准则

从车辆停放后的目的看，有些停放在时间和空间上有较强的约束，如单位车停放、夜间停放，此类可称之为刚性需求；而有些停放在时间或空间上具有相当的灵活性，如休闲、购物、餐饮等，此类可称之为弹性需求，而一旦选定出行目的地，其停放需求也就具备了刚性，因此产生一种半刚性需求。另外，微观上的周边土地利用性质、区域土地开发强度和建成规模，宏观上的城市社会经济发展水平、机动车拥有水平等都具有一定程度的不确定性，这些因素都会影响城市某一区域具体的停车需求。因此，公共停车设施规划布局要能够适应城市建设的不确定性、停车需求的多样性以及城市机动车拥有量预测与实际发展可能的偏差引起的停车需求的波动。基于上述思想，有必要对公共停车设施的规划布局按照刚性布局、半刚性布局和弹性布局进行分类，分别提出管理要求。

（1）刚性停车设施规划管理

刚性布局方法，是指规划设置停车设施的位置、规模与形式等已基本确定的布局方法。这种方法对每个点都要进行现状的停车需求分析，要与规划管理部门共同分析用地和建筑容量的可能性并予以落实，要与交通管理部门研究出入口和相邻路段的交通组织方案，要与开发单位研究资金的投入和产出，要对实施的效果给予综合评价，从而确定停车设施的具体位置、规模和形式。

采用刚性布局方法设置的停车设施应主要分布在停车设施供需矛盾集中、车辆乱停乱放现象最易严重发生的地区。刚性布局的停车设施一经确定，就要付诸实施，不得随意更改，其供应量宜占总供应量的10%～20%。

规划的刚性停车设施，原则上以独立形式的停车设施为主，条件限制时可在保证泊位规模和使用方便的前提下考虑综合开发。

（2）半刚性停车设施规划管理

半刚性布局方法，是指某区域的规划停车供应由一个或多个停车设施分担，其主体停车设施的建设地点和形式已经确定，该区域的泊位供应总量也已经确定的布局方法。这种方法以预测的该片区域的停车需求为控制依据，结合土地开发利用的强度和时序，和规划、交通管理部门共同确定主体停车设施建议位置和规模容量。具体运作则由规划管理部门根据实际情况与开发商协商解决。与刚性停车设施相比，半刚性布局方法的主体停车设施用地尚未确切落实，今后的开发过程中仍可有较小范围的位置变动和规模调整。半刚性布局的停车泊位供应可以由主体停车设施单独提供，亦可以由多个停车设施一起分担，但必须以主体停车设施为主，其供应量应不低于该区域供应量的40%，其余的停车泊位供应所需用地、停车设施的规模和形式没有固定要求，待今后在该区域综合交通分析基础上，依照停车设施设置原则确定。该方法适用于成片开发且区域面积较小（200～300m半径）的情况。半刚性布局设施的供应量宜占总供应量的30%～40%。

半刚性停车设施用地原则上不得改作他用，如果确因城市建设需要改变使用性质，应在原规划点位附近另选地块作为停车设施用地；如果该地块周边无地可补，应扩大原规划用地上开发项目配建停车设施规模，作为对占用停车设施用地的弥补。

（3）弹性停车设施规划管理

弹性布局方法，是指在相对较大范围的区域内，规划一定的停车泊位供应量，其泊位供应的实现形式可以因地制宜、灵活多样。这种方法只提出区域的供应量要求，由规划人员在对全市的停车需求分析预测基础上提出，并在区域综合交通分析的基础上确定。弹性布局中各停车设施应分散，尽量扩大服务区域，单个停车设施规模不宜过大，以便临近各服务对象。弹性布局的区域，其泊位供应总量可按规划供应量适当浮动，但供应设施不应超出供应区域范围。该方法适宜开发规模较大的区域，区域半径一般为500～600m，具体规划方案完全融合于土地开发利用过程中。弹性布局设施的供应量宜占总供应量的40%～50%。

对规划的弹性停车设施泊位指标必须控制落实，具体可在土地出转让和开发利用过程中统筹协调安排。

二、路内公共停车设施规划管理

1. 路内停车泊位选址

路内停车作为一种补充方式，其规划和建设是一个滚动发展的动态过程，应随路外停车设施的完善以及道路交通情况的变化，不断完善调整设置，并建立有效的评估和监管机制。可以每1～2年进行相应的规划检讨与修订工作。

2. 路内停车设施施划

路内停车设施应根据城市交通管理要求，并根据停车服务与管理的需要，按有关标准设置停车区标线、标识和标志牌，为使用者提供规范的停车服务。

3. 路内停车泊位管理

路内停车设施收费可分为人工收费管理和电子咪表收费管理。从管理和实施的角度考虑，应该尽可能采用电子咪表收费的管理方式，以提高路内停车管理水平。对于开发强度较低的城市外围区，主要加强停车秩序管理，采用人工管理方式。

第九章　建筑物配建停车位标准研究

建筑物配建停车设施是城市停车设施的主体，合理制定建筑物配建指标体系对于停车设施系统建设具有基本保障作用。

第一节　建筑物配建停车位标准研究综述
一、国内外建筑物配建停车位标准的研究概况

由于经济发展水平、城市布局形态和汽车保有率的不同，停车生成率相应有所差异，同时各国的交通政策与停车政策也有所差别，因此国内外城市的建筑物配建泊位标准有较大的差异[①]。

（1）美国。美国建筑物配建指标的制定采用了停车生成率法，通过对各类建筑物停车需求及规划车位标准作细致的调查研究，了解各类建筑物的停车生成率，即单位建筑面积的停车发生量，依此制订建筑物配建停车标准。美国建筑物配建指标的制定和管理具有以下特点：

①重视停车需求的调查研究。各个城市根据自身的实际情况具体制定适合本地区的建筑物停车配建指标。

②建筑分类不断细化，配建指标分类不断细化。按户型细分住宅，将停车需求分成居住者和来访者两部分分别预测；研究工作日和非工作日，以及一日内不同时段的停车率；研究不同出行方式情况下小汽车的比例对停车率的影响；针对中心区和非中心区制定不同的停车标准。

③配建指标的计算基数单位多样化。针对不同用地类型的建筑物停车生成率的计算基数单位种类非常广泛。根据不同类型的建筑，采用的指标主要分为建筑面积、用地面积、职工人数、座位数、客房数、床位数、住宅户数等，计算基数单位分类的多样化较为科学。

④配建指标不断发展变化。近十多年来美国城市配建指标值的变化趋势是限制停车供应：一部分城市降低了最小停车位指标，一部分城市对于中心区建筑取消了最小停车位指标要求，转而设置停车设施供应的上限。

⑤泊位比例和泊位大小不断发展变化。依照联邦法律规定设置了无障碍泊车位的配建指标，其占总泊位数的比例视停车设施规模大小在1%~4%之间。城市区划条例规定了装卸车位的数量和大小，其面积不计入小汽车停车位面积；有的州还开展了路外货车泊位的停车需求研究，尤其是夜间的货车泊位需求；对厢式货车、拖挂车也规定了相应的泊位设置标准；某些地点，如加油站和设外卖的快餐店，需设置堆栈式（先进先出式）停车位。超过一定规模的停车设施，必须设置自行车泊位和合乘车泊位。与车型不断趋

---

① 何保红，陈峻，王炜. 城市建筑停车场配建原则探讨 [J]. 南京：现代城市研究，2004 (7)：59~61.

于小型化相适应,规定了微型车位的比例,并采用斜列式停车以增强对不同车型的适应。

(2) 欧洲。欧洲城市的配建标准居于美国与亚洲城市之间,高于亚洲城市,接近美国。在具体制定指标时有一些值得借鉴的思路:如在荷兰,国家立法规定将建筑物配建停车位作为一种义务;而在英国,配建指标按居住者和来访者分开来考虑,伦敦已从过去的规定建筑物配建停车最低标准转为规定建筑物配建最高限额标准,以严格限制中心区停车位增长和区外居住者使用停车位。

(3) 日本。1957年颁布了《停车场法》,基本原则是大力推广和鼓励路外停车设施的兴建。1962年制定了《机动车停车场所之确保法》和《〈机动车停车场所之确保法〉实施法令》,目的是保证在路外适当场所落实自备停车位,提高路外停车设施的需求,促进民间投资兴建路外停车设施。该法经7次修订,实施30多年,已经使"购车自备车位"的概念深入民心。

日本"购车自备车位"实践的成功有三个原因:法令制度完善,政府集中领导,通过购车自备车位政策对所有车主进行管理;民间力量的参与,大大减少了政府人力、物力、资源的浪费;立法从严,执法彻底。

这一政策使日本城市路外的停车设施随处可见,并培养人们合理使用车辆的习惯,减少并逐步取消路内停车,有效地缓解了地少路窄所造成的车辆停与行之间的矛盾。在很大程度上,这一政策也抑制了汽车的使用,成为使交通结构更加合理的调剂杠杆。

(4) 香港特区。从20世纪70年代中期开始,香港的建筑物停车配建标准均通过整体研究后提出,通常每3~4年进行一次系统的停车需求研究和对现行标准的分析检讨,并针对交通流量和车辆发展进行修订,更新泊位配置的合理性。1991年《香港规划标准与准则》中体现了停车需求管理的交通政策导向特点:

①住宅区停车位配建应当尽可能充分满足当前及未来的停车需求,配建标准不是提供泊位的最佳值,而是提供泊位的最小值;

②公用设施和商业设施的泊位配建原则是将其限制到满足经营要求所必需的最低限度,体现了在市中心区鼓励使用公交、限制使用私人小汽车的交通政策。

(5) 上海市。上海于1998年初完成了对建筑物配建停车设施标准的修订,在修订过程中强调了标准的完备性、建筑分类的合理性、量化指标的科学性和操作的严密性。其主要措施有:考虑建筑物配建停车位的区域差异性,将内环、外环按不同建筑性质分类,外环建筑物配建停车指标高于内环。

上海市不同住宅分类的机动车停车位指标一览表　　表9-1

项目		内环线以内	内外环线之间	外环线以外
一类	停车位/平均每套	≥0.8	≥1.0	≥1.1
二类	停车位/平均每套	≥0.5	≥0.6	≥0.7
三类	停车位/平均每套	≥0.3	≥0.4	≥0.5

资料来源:(《上海市工程建设规范》建筑工程交通设计及停车库(场)设置标准)。

注:一类住宅平均每套建筑面积大于150m^2;二类住宅平均每套建筑面积在100~150m^2之间;三类住宅平均每套建筑面积小于100m^2。

（6）广州市。2002年完成了《广州市建筑物的停车配建指标研究》，制定了新的配建指标体系。该指标体系对建筑物类型、规模作了细化，以满足不同区域停车管理需要，同时提出了"广州市建设项目的停车配建指标执行规定"的建议。此外，建议每5～6年对停车配建指标体系修订一次，以保证适应社会经济及城市交通不断发展的需要。

（7）其他城市。南京、苏州等城市均根据自身特点，制定了各自的停车配建标准。在这些城市的配建标准中，一个显著的特点就是体现了区域差别化的停车配建理念要求。例如南京市在《南京市建筑物配建标准与准则》中，将部分建筑的停车位配建标准分为中心区、其他区两个层次，苏州市在《苏州市建筑物配建停车位标准》中，将机动车停车位的配建分为"古城区"和"其他"两种，均初步体现了区域差别化的理念。

国外城市在制定建筑物停车位的标准时主要有三个特点：①适应自身发展实际，与交通战略、交通政策相协调；②制定理念具有超前性；③调查研究非常细致。因为机动化水平和发展成熟度不同，相比而言，国内城市制定停车配建指标的考虑因素相对简单，建筑物的分类不够细致，"停车调控"的理念和作用尚未充分体现。

二、我国建筑物配建停车位指标体系存在的问题

1988年建设部、公安部颁布《停车设施规划设计规则（试行）》，一些省、市也相继制定了配建停车位标准，对我国城市停车设施配置的有序化起到了一定的作用。但随着社会经济的发展，城市交通问题的日益严重，既有指标以及既有指标体系仍然存在一些问题，主要体现在以下几个方面：

（1）制定配建标准缺乏调控意识，着重关注满足停车需求，没有将停车设施作为对城市土地利用和交通的重要调控手段。在制定配建标准时，未对城市不同区域和建筑性质进行细分，一味地以高配建标准作为主要原则，造成了停车设施对交通运行干扰严重。部分城市已经开始有交通需求管理的理念，制定了配建停车指标的上限，但是缺乏区域统筹考虑和供给控制校核。配建标准制定时注意到一些建筑类型在停车需求方面的差异，如住宅按户数配置，公共建筑按面积配置。但是，这一标准是片面考虑其停车需求而建立起来的，对于城市道路交通能否承载这样的需求所产生的交通量则普遍缺乏研究。反映在指标值确定方面，表现为只重下限，不重上限。

（2）配建标准制定与公交优先发展战略不协调。城市建筑物停车配建指标的制定是实施交通政策的重要手段，因此建筑物指标的制定需要准确地贯彻和支持交通发展战略，特别是要体现公交优先发展的理念。现行的城市建筑物停车泊位配建标准缺乏公交优先战略对城市停车配建特殊要求的考虑，没有考虑城市公交发展战略对不同区域停车配建要求的差异性。

（3）对不同区域停车供需关系的差异性考虑不够充分。随着城市化的发展以及由"粗放"发展模式向"集约"发展模式的转变，城市已经出现了明显的功能分区。城市中心区、中心外围区、新区及开发区和交通枢纽区域的不同功能使得各区域建筑物的停车需求存在差异。因为缺乏分区调控概念，配建标准多采用"一刀切"的配给方式，即对同类用地、同类建筑普遍采用相同的停车指标，忽视了不同地区交通负荷度和交通流特征上的差异，不能从宏观上调控停车位的供给，缺乏政策性差异。对于某些特殊地块的

指标虽然有所考虑，但由于缺乏强有力的分区研究指导，分区比较粗糙，指标的科学性和控制力度不足。

(4) 建筑物分类过于简单。配建停车设施的车辆停放特性与其所服务的建筑类型有关。不同建筑物对应的用地性质、土地开发强度、出行吸引特性，决定了建筑物停车需求量和车辆停放特性的差异，例如停放时间分布、周转率等。配建停车设施指标对建筑物的分类过于简单，不能准确表达各类停车需求特点和停放特性。

(5) 现有标准明显滞后。随着经济的快速发展，城市规模形态的变化、居民收入水平的提高、消费观念的变化等，极大地促进了城市机动化的迅速发展，特别是长三角、珠三角的部分城市正面临城市机动车爆发式增长的阶段。配建标准制定时对汽车保有量增加给城市停车带来的冲击估计不足，配建指标滞后，无法保障建筑物停车的基本需求，城市停车供应整体不足，路内停车影响严重，干扰了城市动态交通系统的运行。

三、"调控型"建筑物配建停车位标准研究

国内外城市建筑物停车配建指标的研究给我们带来了重要的启示：①各城市宜根据自身的具体特点制定相应的停车配建指标；②配建指标应定期进行修正，以适应城市发展、规划、管理对停车配建指标的要求；③应体现配建指标的区域差别和建筑类型差别；④重视住宅车位配建；⑤配建指标应与交通发展战略和交通需求管理相协调。

第二节 建筑物分类与停车供需关系分析

建筑物配建停车设施是解决城市停车问题的基本保障，而建筑物的合理分类是科学制定配建指标的前提。

一、建筑物分类

1. 建筑物分类原则

我国多数城市长期以来参照1988年颁布的《停车设施规划设计规则(试行)》，随着经济的发展与机动车的增长，其中建筑分类已不能科学表述停车需求的特点。因此对建筑物进行重新分类是非常必要的。

从有利于准确细分停车特点的角度，建筑物分类应当达到以下要求：

(1) 区分建筑类型差异

不同类型建筑物的交通产生和吸引特点不同，所产生的停车需求也存在很大的差异。商业类建筑是城市交通的重要吸引源，停车需求大；住宅类建筑则是城市交通的主要产生源，不论是中心区还是中心外围区，停车者对停车安全的要求很高，停车配建应尽量满足住宅用户的停车需求；办公类建筑停车需求的弹性较大，等等。应根据这些差异确定相应的配建标准；餐饮娱乐、宾馆、医院等建筑类型的停车需求差异在建筑物停车位配建时也应该予以体现。

(2) 区分停车需求强度差异

相同类型建筑物如其规模、功能和所在区域不同，所生成的交通量强度、交通出行方式不同，单位建筑面积的停车需求强度也有所差异。因此对于同一类型建筑物的停车配建不能一概而论，应根据停车需求强度差异进一步细分、归类。

（3）区分体现停车行为特性差异

建筑物的分类应体现使用者停车行为的差异，主要包括停车目的、平均停放时间、停车步行距离、高峰停放指数、泊位利用率及泊位周转率等差异。如住宅类建筑停车时间长，泊位周转率低；商业类建筑物停车多数较注重停车步行距离；宾馆酒店等建筑物，停车时间较长，对车辆的安全性等要求较高；餐饮、娱乐建筑有停车时间短、泊位周转率高、停车时间集中的特点；医院、文体等建筑物停车使用者的行为也具有其固有的停车行为特征。建筑物停车分类应考虑停车特性的差异，尽量将停车特性相似的建筑归为一类。

（4）应具有可操作性

建筑物分类应本着科学合理、特征明显的原则，同时还要考虑规划、管理的可操作性。

2. 建筑物分类

由于社会经济发展水平、城市布局形态以及交通政策等的差异，分类标准也各不相同[1][2][3][4]。

（1）新加坡。将建筑物分为住宅、办公用地、饭店、商场、旅馆、工厂、医院、影剧院八大类。

（2）中国香港。1991年颁布的"香港规划标准与准则"将类别分为住宅、商业、工业和社区四类，其中住宅又细分为4~5个等级。

（3）中国台湾。建筑物分类比较细致，分为五大类。第一类包含戏院、电影院、歌厅、国际观光旅馆、演艺场、集会堂、舞厅、夜总会、视听伴唱、游艺场、酒家、展览场、办公楼、金融业、市场、商场、餐厅、饮食店、店铺、俱乐部、公共浴室、旅游及运输业、摄影棚；第二类包含住宅及集合住宅等居住建筑物；第三类包含旅馆、招待所、博物馆、科学馆、历史文物馆、资料馆、美术馆、图书馆、陈列馆、水族馆、音乐馆、文体中心、医院、殡仪馆、体育设施、宗教设施、福利设施；第四类包含仓库、学校、幼儿园、托儿所、车辆修配保管、补习班、屠宰场、工厂等建筑物；第五类包含除前四类以外的建筑物。上述五种分类的建筑物，按照是否在都市计划区内，又各分为两个层次。

（4）上海市。配建停车建筑物分为住宅、办公、商场、餐饮、健身、娱乐、影剧院、旅馆、医院、交通枢纽及其他共11大类。

（5）深圳市。配建停车建筑物分为住宅、商业、办公、工业、公园、文体设施、医疗设施、教育设施8大类23小类，此外，部分大型设施需要进行停车位配建标准应用专题研究予以确定。

---

[1] 何红霞，常民. 城市居住区停车问题研究 [J]. 太原：山西建筑，2005（15）：18~19.
[2] 周鹤龙，周志华，王波. 大城市停车配建指标之用地分类（级）研究 [J]. 北京：公路交通科技，2004（4）：80~83.
[3] 何小洲，於昊，钱林波，陈茜. 大城市中心区建筑物停车配建指标研究——以杭州市为例 [J]. 南京：现代城市研究，2006（10）：72~76.
[4] 邓兴栋，王波. 对广州市建筑物停车配建指标研究的思考 [J]. 武汉：华中科技大学学报，2003（3）：23~25.

部分城市配建停车建筑物分类方式表　　　　　　　　表 9-2

城市	建筑物分类数量	主要类别
新加坡	8	住宅、办公用地、饭店、商场、旅馆、工厂、医院、影剧院
中国香港	4	住宅、商业、工业、社区
中国台湾	5	对于每类，根据建筑性质的不同予以细化
上海	11	住宅、办公、商场、餐饮、健身、娱乐、影剧院、旅馆、医院、交通枢纽及其他
深圳	8	住宅、商业、办公、工业、公园、文体设施、医疗设施、教育设施

从以上各地区配建停车建筑物分类特点来看，均采用"大类+小类"的分类模式，"大类"的分法与土地利用相结合。部分城市采用了较为粗放的分类，如新加坡，部分城市采用了较为细致的分类，如中国台湾、深圳。各城市分类标准的制定与其交通政策有联系，如新加坡在全面控制交通的模式下采用了较为粗放的分类，一方面易于管理，另一方面也与全面控制交通的模式相适应。而对于我国建筑物配建停车位的管理，更适合分区采用不同的交通控制政策，需要对部分区域的停车予以限制，部分区域予以引导，部分区域予以鼓励。在这种条件下，城市停车配建的建筑物分类应达到一定的细致程度，分类标准应能够体现交通控制政策的差异，从而为通过调控停车来改善交通环境的策略提供基本条件。从近几年我国城市对指标的修订来看，各城市均采用了较为细致的分类方法，如广州、深圳、上海等。结合我国《城市用地分类与建设用地标准》的规定，将我国城市主要建筑物按用地性质、建筑物类型进行分类，如表9-3所示。

配建停车建筑物分类一览表　　　　　　　　表 9-3

第一层分类	第二层分类
住宅	一类居住、二类居住、三类居住、四类居住
办公建筑	行政办公、金融保险业、传媒业、文化艺术团体、研发设计、其他
交通枢纽	铁路客货运站场、公路客货运站场、港口客运站场、公共交通站场
商业建筑	大型零售商业、中小型零售商业、餐饮旅馆、娱乐设施、康体设施
工业建筑	工业、物流仓储
公园	综合性公园、纪念性公园、儿童公园、动物园、植物园、古典园林、风景名胜公园、居住小区公园
文体建筑	文化设施、体育场馆、体育训练
医卫建筑	一般医疗、特殊医疗、卫生防疫、其他医疗卫生设施
教育建筑	高等院校、中等专业学校、中小学

上述分类方法分为两个层次：第一层次主要考虑土地利用与建筑类型的差异，将建筑物分为住宅、办公建筑、交通枢纽、商业建筑、工业建筑、公园、文体设施、医疗卫生、教育建筑九大类；第二层次是在第一层次的基础上进一步细化建筑类型的结果。

该分类方法仅属于较为宏观的概念分类方法，各城市在制定自身的建筑物配建停车标准时，应根据本市具体特点进行细致分类。

二、各类建筑物停车配建策略分析

1. 分区建筑停车配建

城市停车分区可按城市停车政策划分为限制供应区、平衡供应区和扩大供应区。在制定建筑停车配建标准时,应当遵循限制供应区小于平衡供应区,平衡供应区小于扩大供应区的原则。

但是,不能简单地根据停车分区采取的总体策略制定具体的建筑配建标准,而要综合考虑区位、设施类型、阶层消费及区域对停车策略的敏感性差异。例如,某些商业设施位于城市中心区内,其停车分区属于限制供应区,而恰恰是位于该区域内的商业具有较高的人气,其开发强度也较高,在制定这类商业建筑的配建标准时,不能一味降低其配建标准,以免影响其商业活力,不利于城市经济的发展。

2. 分类建筑停车配建

(1) 居住建筑

住宅类建筑物配建停车主要服务于居住在该建筑物的私人车辆停放和探亲访友等目的的车辆停放,前者属于自备车位,后者属于公共停车位。我国《城市用地分类与建设用地标准》将住宅建筑分为一类、二类、三类、四类四个等级,所产生的停车需求、对停车设施的服务要求也各有不同,停车泊位配建应根据具体供需关系而定。

(2) 办公建筑

办公类建筑兼有刚性停车和弹性停车需求。除了办公建筑本身员工的停车需求外,办公类建筑还吸引来此办事的停车者,而停车需求的大小也取决于办公楼的性质。政府办公、金融外贸办公、普通办公建筑所产生的需求不同,对停车调控的敏感性也存在较大差异,如政府办公建筑所产生的刚性停车需求大,对调控的敏感性要低于其他类办公建筑,停车配建应该区别对待。

(3) 交通枢纽

中心外围区的交通枢纽应设置足够的停车泊位,鼓励换乘;中心区的交通枢纽应适量配置停车泊位,配建标准宜低不宜高,着重引导采用公共交通方式之间的换乘。港口的停车配建设施主要用于装卸、停放货物,其停车需求受港口的规模影响;机场在一些区域中心城市具有十分重要的地位和作用,其停车需求由机场和城市的交通联系方式决定。一般汽车客运站和火车站,客运与货运的规模决定了车站的停车需求。目前我国轨道交通的发展给城市交通问题的缓解带来了转机,轨道交通车站特别是中心外围区的站点应设置廉价的换乘停车设施,鼓励乘坐公共交通,鼓励停车换乘,以减小城市中心区的交通压力和停车压力。

(4) 商业建筑

商业建筑的区位、性质、规模决定了停车需求量的大小,越是高档的商业建筑停车需求越大。一般而言,餐饮娱乐性商业和独立购物中心的停车需求比较高,而小型商业配套设施的停车需求则较低。我国多数城市正处于发展壮大阶段,城市各区域功能正处于调整之中,特别是在城市副中心尚未成熟的情况下,旧城区商业建筑面临较大的停车压力。随着城市的发展成熟,商业类建筑停车供需关系可能会面临较大的变化,在停车配建上应综合考虑城市发展的阶段特征，统筹考虑近远期供需关系，制定适当的停车配建标准。对于新建或改造的商业建筑，应根据具体情况，通过交通影响分析确定停车泊位配建数量。

（5）工业建筑

工业建筑的停车配建设施主要用于装卸、停放货物和员工自备车位的停放，停车需求由其规模大小及产品的性质决定。轻工业产品占地面积较小，这些企业的货运停车需求就相对较小；相反的，重工业企业的货运停车需求较大。而对于员工自备车位的需求，受企业员工的消费水平等因素的影响，差异较大，因此工业建筑的停车泊位配建宜根据产品的具体情况，通过交通影响分析予以确定。

（6）公园

城市中心区公园一般周边用地紧张，因此公园应尽量保证行人友好的交通环境，在公园出入口附近设置公交站点，着重引导采用公交方式。对于郊区公园，考虑到自驾游对停车设施的需求，停车配建应满足需求、适度超前。

（7）文体建筑

文体建筑分为体育馆、体育场、影剧院、博物馆、图书馆、展览馆、会议中心等，各类建筑的区位、服务质量、规模等差异所产生的停车需求差异很大，应根据具体情况分析确定。城市中心区文体设施建筑物停车配建标准宜适当降低。

（8）医卫建筑

医院由于其特殊性质，停车需求不易测定，其停车配建设施主要用来停放救护车和员工、就医人员的车辆，一般可以按照医院的等级而定。同时探视住院病人的车流也是医院停车需求的一部分。医院规模越大，等级水平越高，产生的停车需求也越大。鉴于就医这一停车目的的特殊性，不宜以停车控制来限制就医出行方式。

（9）教育建筑

学校中人口密度相对其他建筑物较高，但多数不影响停车需求。高校教师已有相当一部分具备购买私家车的能力，此外高校与外界的交流比较频繁，外界访客人员停车也是高校停车需求的重要组成部分。中小学停车需求相对较少，但家长接送停车需求较大，应予以特别关注。我国城市中心区中小学数量集中，特别是热门学校多在城市中心区，家长接送停车已对城市交通产生了较大的影响，因此教育建筑停车配建标准在城市中心区应予以降低，在净化交通环境的同时保障学校周边环境的宁静。

第三节 调控型建筑物配建停车位标准的制定方法

制定建筑物配建停车位标准应弄清本城市的停车供需特点，以及本城市特有的停车行为特性，这是停车配建指标制定的核心依据，是无法从其他国家或城市的经验中直接获取的。

在规划停车分区和对建筑物科学分类的基础上，可以把建筑物停车配建指标的制定划分为以下四个步骤：①开展详细的停车调查；②确定公共交通发展目标；③确定一般配建指标；④分区确定调控系数，调整具体配建指标。

（1）开展详细的停车调查

停车调查是针对各类建筑进行分类调查，在调查时需要注意以下几点：

①调查应全面。以往的旧指标中，对认为没有停车需求或者停车需求量小的建筑类型，在指标配建方面存在空白。随着小汽车的普及，各类建筑多会产生停车需求，停车调查应注意建筑类型的全面性。

②重点应突出。商业金融、行政办公、医疗卫生等功能敏感、社会关联度高的建筑物，停车需求量大，停车矛盾尤为复杂，应有针对性地重点开展调查。

③分类应细致。应综合考虑建筑的用地类型和使用性质细致分类，如商业办公与行政办公的停车特征及停车需求方面存在差异，不能简单地归为一类。

④界定标准应清晰。不同开发强度的用地对车辆的吸引量不同，随着时间的推移，分级标准也在变化，如五星级酒店与中低档的宾馆就不应归为一类。因此，同类建筑应按不同的等级档次进行清晰的界定。

（2）确定公共交通发展目标

了解城市的交通发展战略目标，调查目前公共交通在城市客运中的地位，并根据公交发展现状与发展目标的差距以及城市交通矛盾的严重情况，把握调控力度，确定采用何种程度的停车调控措施。

（3）确定一般配建指标

现状城市公共交通发展较为薄弱，未来城市公共交通发展目标需要有大的发展，则应采用渐进的停车配建指标调整策略；现状城市公共交通发展良好，未来仍然需要公共交通在城市交通中占有主体地位，则应采取较为严格的停车配建指标要求，甚至在部分地区减少配建。

一般配建指标的确定是仅仅根据建筑分类的停车需求调查结果，结合前瞻性预测，确定停车配建指标。在建筑物停车需求预测模型中，常用方法是类型分析法和静态交通发生率法。

①类型分析法

类型分析法是根据建筑物的分类分别选择调查样本，然后进行统计和回归分析，得出各类建筑的停车生成率[1][2]。

数据统计和回归分析的自变量一般采用建筑面积或者就业岗位数，考虑数据获取的难易程度，通常选择建筑面积。回归方程的形式为：

$$y = ax + b \tag{9-1}$$

式中：y——停车需求量，泊位数；

x——建筑面积（或者就业岗位数），m^2（个）；

a，b——回归参数。

---

[1] 关宏志，王鑫，王雪. 停车需求预测方法研究 [J]. 北京：北京工业大学学报，2006（7）：601~603.
[2] 陈峻，王炜，晏克非. 城市停车设施需求预测研究 [J]. 南京：东南大学学报（增刊），1999（29）：121~126.

应用最小二乘法可以得出各类建筑物的样本数据回归方程，其中 a、b 分别为：

$$a = \frac{n - (\sum xy)(\sum x)(\sum y)}{n(\sum x^2) - (\sum x)^2}$$

$$b = \frac{(\sum y)(\sum x^2) - (\sum xy)(\sum x)}{n(\sum x^2) - (\sum x)^2}$$

②静态交通发生率法

静态交通发生率法是指单位用地开发强度所产生的停车需求量，定义为某种功能用地单位容量所产生的停车吸引量（每日累计停车吸引次数），其基本出发点是：综合性功能区的停车需求是土地、人口、就业岗位和交通 OD 分布等诸多因素交叉影响的结果。静态交通发生率计算配建停车需求的表达式为：

$$P_{dj} = \sum_{i=1}^{m} a_i L_{ij} = \sum_{i=1}^{m} P_{dij} \quad (i = 1,2,\cdots,m; j = 1,2,\cdots,n) \qquad (9-2)$$

式中：P_{dj}——预测年第 j 小区基本日停车需求量（泊位数）；

P_{dij}——预测年第 j 小区 i 类用地的停车需求量（泊位数）；

L_{ij}——预测年第 j 小区 i 类用地的就业岗位数或建筑面积；

a_i——第 i 类用地的静态交通发生率，$\dfrac{\text{泊位数}}{100\text{ 工作岗位}\cdot\text{天}}$ 或 $\dfrac{\text{泊位数}}{\text{万平方米建筑面积}\cdot\text{天}}$；

m——用地分类数；

n——小区数。

不管是类型分析法还是静态交通发生率法，所得到的配建指标均应综合考虑其他因素进行修正。

从停车特点考虑，将各类建筑物分为居住建筑、办公建筑、交通枢纽、商业建筑、工业建筑、公园、文体建筑、医卫建筑、教育建筑九大类别。九类建筑停车配建泊位标准的制定应根据供需特征及使用行为的差异予以差别化对待。

①居住建筑

根据国外发展经验，居住类建筑物配建指标应自备车"一车一位"[1]。我国汽车发展策略并没有限制私家车的购买，住宅类建筑物的停车配建应考虑我国经济的快速发展与机动化的进展，进行合理配置，避免未来继续出现住宅区停车设施严重不足的现象。总体上建议城市中心外围区、新区及开发区的居住建筑停车均适度满足供给。考虑到中心区发展以公共交通为主的城市客运系统的政策导向，以及中心区静态交通对私家车拥有率的抑制作用，中心区住宅的配建停车指标适当降低，可取中心外围区的 90% 左右。

②办公建筑

办公类建筑停车需求的大小主要取决于办公楼的性质。行政办公类建筑主要吸引来此处理公务、办理手续、参加会议等目的的停车者，停车需求刚性大，对停车调控的敏感性不高，因此行政办公类建筑的停车配建调控力度应适当取小，建议中心区配建指标

---

[1] 胡纹，杨玲. 居住区停车配建指标的多因子设计方式 [J]. 重庆：重庆建筑大学学报，2006（2）：4~7.

取中心外围区的95%左右、新区配建指标取中心外围区的105%左右。而对于金融、外贸等其他类办公建筑，建议中心区配建指标取中心外围区的90%左右、新区配建指标取中心外围区的110%左右。

③交通枢纽

交通枢纽是城市交通流转换的节点，特别是中心外围区交通枢纽起着衔接新区、中心外围区与中心区的作用，停车换乘可以减少中心区的交通压力和停车压力。对位于中心区的枢纽采用"换乘平衡"的供给方式，即停车位配建与通过小汽车到达交通枢纽的换乘者相平衡的供给方式，鼓励居民通过换乘采用公共交通出行；对于中心外围区、新区的交通枢纽，考虑到区域发展的潜力和城市交通发展战略对中心外围区、新区的定位，配建指标可适度超前，大力建设停车换乘设施，并在停车费用上予以优惠。

④商业建筑

商业建筑是城市停车需求管理的主要建筑类型，其停车配建应严格遵循中心区"限制供应"、中心外围区"平衡供应"、新区"扩大供应"的供给策略，在调控幅度上也宜大于其他建筑类型。建议中心区停车配建指标取中心外围区的80%~90%，新区配建指标取中心外围区的110%~130%。

⑤工业建筑

鉴于我国城市工业多外迁至中心外围区、新区，工业类建筑停车也多用于工厂、企业的货物、产品运输车辆停放，建议中心区配建指标取中心外围区的90%左右。中心外围区、新区采用"平衡供应"的供给方式。

⑥公园

城市中心区公园供市民休闲、健身等活动，应加强公园入口附近自行车设施与公交设施建设，同时为保证公园环境的安静、怡人，应加强对公园停车配建的限制，并注意其规模、功能的差异所产生的客流的流动性差异和停车需求强度差异。考虑到城市中心区公交为主体的战略发展定位、公园的公共服务性质要求及公园的环境保护要求，建议城市中心区公园停车配建指标取值一般为中心外围区的60%左右；对于城市的远郊公园，应考虑自驾游对停车设施的需求，建议停车配建指标取值为中心外围区的110%左右。

⑦文体建筑

城市中心区文体建筑服务对象较多，过多的停车会对交通产生较大的干扰。城市中心区文体建筑停车配建标准宜适当降低，建议停车配建指标取值为中心外围区的85%左右；新区的文体建筑一般都具有良好的设备条件，但受到区位的影响，服务对象则相对较少，在停车配建上应体现超前引导的思想，建议取中心外围区的115%左右。

⑧医卫建筑

医卫建筑停车需求刚性较大，各区域的停车配建调控系数不宜相差太大。建议中心区取值为中心外围区的95%左右，新区为中心外围区的105%左右。

⑨教育建筑

大中专、中小学等教育建筑出入口及周边道路的学生交通一般以步行和自行车方式为主，对交通安全的要求较高，特别是城市中心区教育建筑出入口的交通矛盾较为复杂，宜通过限制汽车的使用来保障校园环境的安静，因此建议城市中心区停车配建指标取值为中心外围区的85%左右；中心外围区、新区采用"平衡供应"方式。

（4）确定调控系数，调整具体配建指标

根据建筑物所处区域的交通发展目标要求和停车分区政策，对不同类别建筑物的配建指标分别予以修正。

（5）根据分区加分类，确定建筑停车配建指标

在停车分区的基础上，确定建筑物大类，在进一步细化建筑分类的基础上，制定停车配建指标。

第四节 建筑物配建停车位标准的规划管理要求

一、建筑物配建停车位规划管理的引导准则

建筑物停车需求和交通政策并非是一成不变的，因此其停车配建指标的确定也不能一劳永逸。我国正处于汽车普及的前期阶段，城市形态、人口、经济会发生很大的变化，公共交通优先发展政策逐步实施及效果的逐步显现也会影响到城市停车问题。需要对建筑物配建停车指标适时调整以适应情况的不断变化。建筑物配建车位规划管理包括以下三个方面：

（1）制定停车配建标准。在停车配建标准的制定上，国家应出台相应的指导性原则和政策。停车配建标准应以城市制定为主，根据自身的具体情况，在国家、省标准的基础上进一步细化，分区域、分类型确定建筑物停车配建指标。

（2）执行停车配建标准。严格执行建筑物配建标准，施行法规化约束。建筑物配建是一般性要求，如果特殊情况下确实很难执行配建要求的，应缴纳社会公共停车场建设的相关费用。此外，对于特殊地区（如公交走廊、快速路或重要主干路两侧、城市核心区）、特殊类型建筑物（建筑规模较大、交通枢纽建筑、按照配建标准可能存在问题的建筑），需要通过交通影响分析对建筑配建停车数量进行校核。

（3）调整停车配建标准。停车配建标准在执行过程中，需要不断对其执行情况和效果进行检验，特别是城市不同区域动静态交通之间的相互影响。通过动态交通的调查反馈静态交通的设置，以此作为调整配建停车标准的依据。建筑物配建停车位标准的调整和修订应遵循以下原则：

①科学性。建筑物停车配建标准是政府用于指导配建停车规划、建设、管理的重要依据，配建指标的修正工作应结合土地开发和交通策略的实际情况，提高新的配建指标的完备性、建筑分类的合理性、量化指标的科学性，同时保证配建指标的可操作性和严密性。

②针对性。建筑物停车配建指标的动态调整并非是一种全面的调整，而是根据实际情况对有突出矛盾的地段和建筑物类型进行修正。

③全局性。对不同区域不同配建标准的调整要符合城市交通发展战略全局，符合公共交通优先的需要，满足城市停车调控、以供定需的总体要求。

④适应性。建筑物停车配建指标不仅要能满足当前的停车需求，还需要考虑今后一

个时期机动车发展趋势的影响，乃至更长远时期的理想目标。

二、建筑物配建停车位规划管理的基本要求

建筑物停车配建指标的规划与管理是一项细致工作，不仅要与城市交通规划和管理相一致，同时也要与城市用地规划管理、建设管理相适应。建筑物配建规划管理应遵循以下基本要求：

（1）建筑物的配建停车设施必须考虑服务半径，应与主体建筑位于城市道路的同侧，一般应在建筑项目用地范围之内。

（2）鼓励相邻地块共用出入口。城市道路同侧相邻建设的两家及以上的建设单位，应鼓励集中统一设置配建停车设施①。基地机动车出入口不宜与城市快速路和主干路直接连接，其与城市主要道路交叉口的距离应大于80m或设置于基地的最远端。

（3）建筑物配建的停车设施可采用地下车库、立体停车楼（库）、地面停车等多种形式，严禁占用规划批准的城市绿地和道路用地作停车设施，但经批准后，可在绿地下面设置地下车库。

（4）地面停车泊位数一般应不小于总泊位数的20%。每一个地面停车位应按25～30m^2集中安排用地，并设置停车专用通道，不得在建筑物间任意设置和占用基地出入口通道设置停车位。

（5）建筑物配建停车位指标，机动车应以小型汽车为计算单位，非机动车应以自行车为计算单位。核算车位时，安排的其他车型机动车、非机动车车位，应按折合成小型汽车的车位或者自行车的车位进行计算。

（6）综合性建筑物配建停车位总数按各类性质及其规模分别计算后累计。群体布置的建筑物，在符合规定的配建停车设施总指标的条件下，提倡统一安排，协调布置。

（7）非机动车和摩托车停车设施的布置与设计应考虑将来转化成为机动车停车设施的可能。

（8）吸引大量出租车的宾馆、饭店、娱乐场所、办公、超市、商场和医院等公共建筑，应在基地内主体建筑人流主出入口处设置适量出租车专用候客位（其具体数量可通过交通影响分析确定）。在有接送学生上下学需求的幼儿园、小学等教育设施附近，应设置临时停车泊位。

（9）商场、饭店和宾馆等有大量货物装卸的公共建筑，应在基地内部设置装卸停车位。

（10）宾馆、饭店应在地面部分或者规定的空地上，按每50个客房配置1个大客车停车位，每设置1个大客车停车位可减设2.5个小车停车位。

（11）建筑物配建停车位应考虑无障碍停车泊位，无障碍停车泊位应占配建总停车泊位的1%以上。

（12）各类城市交通建筑或交通枢纽、综合市场、批发交易市场、仓储式超市（大卖场）、体育场馆、影剧院、游览场所（场馆）、公园和市民广场等其他类建筑的配建停车

---

① 徐凤军. 配建停车场的社会化使用研究［J］. 太原：山西建筑，2005（18）：24～25.

设施设置标准，应通过建设项目的交通影响分析具体确定。

（13）建筑物的临时停车位和特殊建筑的停车位配建标准，由规划部门和公安交通管理部门针对具体个案另行确定①。

（14）扩建建筑，其扩建部分按规划要求配建停车位。原建筑配建不足的，应在扩建的同时补建不足的停车位。

（15）停车设施的建设必须符合城市规划，保障道路交通安全和畅通，平面设计应标明场内通道、车辆路线走向、停车泊位、停车诱导交通标志和交通安全设施。

---

① 栾峰．深圳市住宅机动车停车问题及对策研究［J］．上海：同济大学学报（增刊），2000：78~80．

第十章 城市停车设施规划实施措施

第一节 城市停车设施的规划管理

一、规划编制管理

城市停车设施规划编制组织通常有两种方式，可由城市规划部门会同公安交通管理、建设、国土等部门组织编制，也可由公安交通管理部门会同规划、建设、国土等部门组织编制。城市停车设施规划既要针对当前停车问题，制定切实的解决方案，也要面向城市发展，将停车设施作为城市功能的有机组成、综合交通体系中的一项重要设施进行统筹规划，有序实施。停车设施规划对城市土地利用、道路交通组织和社会空间分异具有十分重要的调控作用，停车设施规划必须与城市规划、城市综合交通规划相协调，并与其他相关规划进行衔接，既要保证规划的前瞻性、科学性，又要提高规划的针对性、指导性、可操作性。

城市停车设施规划编制应当贯彻和体现科学发展观的总体要求，坚持"政府组织、专家领衔、部门合作、公众参与、科学决策"的原则[①]。城市停车设施规划应委托具备相应资质和设计能力的单位编制，并聘请具有丰富经验和学识的资深专家，组成专家组，负责技术咨询和评审。城市停车设施规划应打破封闭的规划编制组织方式，在编制各阶段，都要充分征求有关部门和单位的意见，广泛征集公众意见，增强规划编制工作的公开性和透明度，提升规划编制水平。

城市停车设施规划的编制主要有三种模式：①将城市停车设施规划纳入城市总体规划和综合交通规划，作为一个章节进行统一编制，该阶段停车设施规划应重点关注停车发展战略制定和重大停车设施布局。②独立编制停车设施规划，并与城市总体规划和综合交通规划同步编制，落实上位规划提出的原则和要求，提出分区分类的停车设施规划方案，实现停车设施规划与上位规划的紧密反馈。③在城市总体规划和综合交通规划编制完成后，根据城市建设的需要，独立编制城市停车设施规划。如在北京市停车设施管理政策中，明确规定"本市根据城市总体规划和城市建设发展的需要编制公共停车设施专业规划，逐步缓解停车设施供需矛盾"。

城市停车设施规划应依据相关情况的变化及时进行修编或局部调整。对于规划修编或重大调整，应当按规定向规划审批机关提出调整报告，经认定后依照法律规定组织修编或调整。①城市总体规划、城市综合交通规划修编经批准后，城市停车设施规划应作相应的修编。②城市交通发展目标产生较大变化，需要对停车设施规划进行修编或局部调整，要朝着更加有利于充分发挥停车设施的分区、分类、分时、分价调控作用，合理调节停车设施供应与需求关系，充分提高停车设施利用率。③随着城市交通发展政策的

---

① 中华人民共和国建设部令第 146 号. 城市规划编制办法, 2005.

变化，对于不符合发挥停车调控作用的内容必须予以调整，使得停车设施发展与城市综合交通发展更加协调。④根据城市开发强度及性质的变化，促进公共停车设施的建设与新区开发、旧城及商业街区改造、道路建设等相结合，对原停车设施规划作相应调整。⑤建筑物配建停车标准应结合停车分区，根据城市发展和城市规划，针对机动车增长态势，适时调整。当然，也可以定期进行修编。如澳大利亚，规定每隔两或三年对城市停车战略与政策进行一次评估和修订。

二、项目实施管理

路外公共停车设施的建设应按照国家和城市对建设项目审批管理的有关规定，并应当征求相关管理部门和利益方的建议和意见。对已建成的公共停车设施，任何单位和个人不得擅自挪作他用。因城市规划需要改变公共停车设施使用性质的，应当经城市规划和交通管理部门批准后方可实施。

路内停车泊位设置应遵循"统一规划、科学设置、合理收费、加强管理"的原则，依据城市停车设施规划和道路交通规划进行科学施划。对已设置的路内停车泊位应定期进行评估，每年至少评估一次，为增加、减少、撤销及调整路内停车泊位提供技术依据。

新建、扩建建筑物应依据规定配建停车设施。对未按规定配建停车设施的建筑物，应按照停车位的缺乏数缴纳建设差额费。停车管理部门收取建设差额费后，由政府集中统筹建设或者购置公共停车设施，产权归政府所有，并由政府核定管理机关负责或委托管理、维护。居住建筑应当配建停车设施，没有停车设施或者停车设施停车位不够时，物业管理单位应当在公安交通管理部门的指导下，在征求居民意见的基础上，在居住区内划定停车位。停车位不得占用绿化用地和消防通道，不得阻碍交通。居住区应当设置必要的访客车位。

第二节 城市停车设施的建设政策

本着有利于停车产业化发展、加强政府调控作用的原则，规范引导、市场推进，鼓励多渠道投资参与停车设施的建设。

一、土地政策

针对停车设施不同的建设形式，采取不同的土地供应政策。对于地下停车设施的建设，以划拨方式供地的，土地用途为道路广场用地，可核发地下土地使用证；以出让方式供地的，其建筑面积不计入地块开发的容积率，不收取土地出让金。对于地上停车设施的建设，按新建项目土地用途确定供地方式，其中符合《划拨用地目录》，可以划拨方式供地；对于配建停车设施，随新建项目一并公开出让或协议出让；对于路外公共停车设施，可以采取政府出地联建的方式①。

路外公共停车设施中，属于刚性控制的停车设施，应确保停车设施建设用地，避免被不合理的占用、挪用。对于弹性控制的停车设施，在供应规模和服务范围不变的前提下，可以进行用地置换，确保公共停车落地建设。

---

① 中华人民共和国国土资源部令第9号. 划拨用地目录，2001.

鼓励城市停车设施联建合用。每个单位都自建停车设施，一方面难以落实，另一方面会对地面交通产生较大的影响。因此，可鼓励邻近的若干单位联合建设停车设施，停车泊位的总数量不少于各个单位应该配建的泊位数量之和。合作主体可以共同取得土地使用权。

在建设形式上以节约用地为原则来指导停车设施建设。机械式停车库与普通停车楼相比可节省空间75%，与地下车库相比可提高土地利用率50%以上。机械式停车设施具有占地省、拆装灵活、场地适应性强、对环境影响小的优点。因此，应追求城市整体效益，研究制定土地优惠政策，鼓励建设占地少、容量大、效率高、存取车安全方便的机械式停车设施，鼓励建设多层立体停车设施。

图 10-1　现代化的立体停车设施

二、投融资政策

城市停车设施投融资一般有以下几种方式：政府投资、市场投资、公私合作方式。以美国为例，政府用于停车设施的建设资金一般来源于政府经常性预算支出、使用者支付的费用、普通发行的义务债券、发行以年营业收入作保证的债券以及停车设施税收等；市场投资主要包括停车设施的经营性收入以及商业组织及办公楼停车设施对公众开放所得到的经营性收入，大城市里的许多路外停车设施都是以这种投资方式修建的；公私合作方式包括在公有土地上由市场投资兴办停车设施；此外，也可以采取政府减少税收、提供技术服务等形式。公私合作方式可以克服单独由私人企业或政府开发常遇到的一些困难。

城市停车设施属于城市基础设施，具有投资大、回收慢的特点，政府应按市场经济的规律办事，在建立停车设施多元化投资体系的过程中，转变政府职能与角色，从直接的投资、经营者，逐步过渡到对多元化的投资和经营进行宏观调控与管理，对市场经营者在收费价格、税收等方面进行监控和管理。在我国城市停车设施供需严重失衡的条件下，建立"政府引导，鼓励和吸引社会资本投入"的公共停车设施市场化建设、经营政策尤为必要。因此必须采取多元化的投融资政策，鼓励和组织社会力量，促进各类停车设施建设。

城市停车设施多元化投融资政策的具体筹资方式一般有：①政府（或国有企业）投资；②成立股份公司筹资；③发行停车设施建设债券；④采用 BOT 方式；⑤建立停车设施建设基金，等等。这些不同筹资方式各有利弊：政府投资受财力限制，BOT 方式成本较高，采用股份制和发行建设债券应是比较好的办法，建立基金则是一种作用明显并具有充分可行性的筹资方式。多元化筹资还包括通过房地产开发带动停车设施建设，主要方式是采取各种优惠政策，如保证其获得不低于房地产的正常利润，放宽（或不计）容积率、建设限制条件以及贷款支持等，鼓励建筑物按要求配建停车位并向社会开放。

三、经营政策

城市停车设施应积极提倡多元化建设，鼓励民间经营形式，着重提高公共停车设施经营的市场化程度。停车设施市场化经营是指城市停车设施的开发建设、管理经营业务全部或部分从政府转移到民间手中，采用"市场化"原则经营。

借鉴国际经验，结合我国实际情况，停车设施市场化建设经营可以考虑选择以下模式：

（1）管理承包模式。将政府投资兴建的停车设施以管理承包合同的方式交给承包商负责全面经营管理，也可通过组建合资企业或筹建股份制公司等形式建立停车设施的经营管理公司。政府的角色从直接经营者转为对承包者行为的监督人，同时保留对收费调整的审批权。大部分路外公共停车设施可以采用这种模式。

（2）服务承包模式。将公有停车设施的某些服务项目与专业服务，如收费、洗车、维修等以服务承包合同的方式交给承包商，按合同中确定的服务标准，监督服务水平，支付服务费用。路内停车设施、建筑物配建停车设施均可以采用这种模式。

（3）完全市场化模式。停车设施完全由市场投资兴建和经营管理，或将公有停车设施企业通过改制而成为市场化企业。可考虑允许经营者自定收费标准和买卖车位产权，政府保留监控权。公共停车设施可以由投资者经营，也可以委托第三方停车管理企业经营。

采用前两种模式时应注意两点：一是要建立规范、严格的项目承包程序，招、投标必须公平合理，合同监督有力；二是承包合同中必须明确政府的权利、义务与承包商的职责、行为规范，还要有一个良好的、操作性强的收入分配方案，以兼顾公众利益和承包商利益。完全市场化模式应是将来的主要发展方向，公共停车设施终将在政府统一规划和管理的前提下，完全由民间进行投资和经营，逐步形成投资、经营、回收的良性循环。

四、鼓励措施

制定吸引民间投资的政策措施。主要有三个方面：一是停车设施的税收制度，给予民间投资在所得税、土地价格、固定资产税等方面的特别优惠。二是停车设施建设的补助制度，对建设公共停车设施的民间企业给予适当的补助。三是融资贷款制度，为投资者创造一个良好的外部环境。

针对不同区域的停车设施，采取相应的建设鼓励措施。在停车设施扩大供应的区域，制定适当的政策鼓励住宅小区和其他建筑物的建设单位多配建停车泊位，鼓励内部停车设施向社会开放。

针对不同类型的停车设施，采取相应的建设鼓励措施。（1）对于永久性公共停车设施的建设，纳入城市基础设施范畴，享受市政公用设施项目的优惠待遇，在拆迁、征地、税费等方面给予一定的政策支持和财政补贴。对某些重点规划及停车供需矛盾突出的地区，加大公共财政对公共停车设施建设的投入力度，以吸引社会资本的加入。（2）对于政府定价、具有公益性、特别是"停车+换乘"的枢纽配套停车设施建设，政府应有足够的补偿或调节政策，如BOT、BT等形式，吸引社会资本的加入，不断滚动建设。这些停车设施的建设用地应当明确为市政设施用地（不包括建筑物配建停车），以降低停车设施建设的成本，鼓励开发建设。

第三节 城市停车设施的管理措施

对城市停车设施进行科学管理，是缓解城市停车难、提高城市交通系统效率的重要手段。改革停车管理体系，理顺停车管理关系，建立新的停车管理机制，推动停车产业的发展，是停车产业规范化、科学化、现代化的必然要求。

一、法律法规

完善停车方面的法规体系。不仅在宏观政策上有相应的法规约束，也应该有停车行为具体约束的规定；不仅要有综合的停车法规，也要有针对不同停车管理内容的详细规章。在停车设施规划、建设、管理和运营中，做到"有法可依、有法必依"，才能保证停车管理的合法化、秩序化。

西方国家由于汽车化发展早，城市停车问题出现较早，城市停车管理起步也早。多数国家及地区以《停车场法》为纲，配以《公共建筑配建停车场标准》、《路内停车场管理条例》、《路外停车场管理条例》、《定额罚款条例》、《交通督察条例》等，已基本形成较为完善的停车法规体系，为城市停车设施的规划、建设及管理提供了较为完备的法律保证，并对停车设施建设用地、建设资金有明确的政策规定。

我国当前健全和完善停车法规应坚持几个基本理念：

①公交优先，节能减排。停车法规必须切实推进"公交优先"发展战略，发挥停车设施对交通方式结构优化的调控作用，鼓励公交出行。同时，停车法规应贯彻落实科学发展观，将停车设施建设、管理和节能减排结合起来，鼓励发展绿色交通，实现科学发展。

②政府导向，市场推进。停车法规应体现政府主导地位，强化停车设施公共服务功能；同时利用价格杠杆的调节作用，实现停车设施资源的合理配置。

③系统规定，统筹管理。停车法规应包含一系列不同层次的法规条例，形成一个完整的体系，同一层次的法规应相互兼容，上一层次的法规应对下一层次的实施细则的制定起指导作用。

④远近结合，适度超前。停车法规的制定应建立在对我国的社会经济发展、人口增长、城市化、机动化前景等正确认识和统筹引导的基础上，远近结合，有序发展，同时

适度保持超前性。

在具体实施上，应加快制定适用于全国的《停车设施法》，对我国停车管理的宏观要求作出规定，并对其他停车法规的制定要求作出相应的规定。根据宏观的《停车设施法》以及城市现状，各城市制定符合自身特点或针对不同停车管理内容的相关法规，如《路内停车管理条例》、《路外停车管理条例》、《建筑物配建停车管理条例》等，形成系列的不同层次的停车管理法规。

二、管理体制

停车管理必须明确管理体制和机构，加强有关部门分工协作，规定各自管理权限及职责，并明确相互配合的内容，从而保证统筹分工、协作紧密、管理有序、责任明确。发达国家大多重视停车管理体制、管理机构的权限及职责分明，法律依据明确。如英国停车管理部门主要由"交通警察"和"当地政府委员会"两个部门负责。有些国家的地方政府设立了专门的停车管理机构，如美国哥伦比亚特区交通部内设立停车管理局，下设业务和执行两处，并限制约束单个处室的职权，来实施停车设施的法制化管理。我国香港特区以运输署作为单一停车主管机构，警察部门、环境署和规划署协助运输署工作。

针对我国众多城市的停车设施多头管理现状，有必要创新管理体制，明确主管、协管部门以及各级政府管理的事权和职责，形成管理和协调机制。综合协调规划、建设、公安交通管理、物价、工商管理等相关职能部门工作，成立专门的权威性停车管理机构，对停车设施进行宏观协调和集约化管理。

停车管理要适应市场经济需要和依法行政要求，注意充分发挥市场机制的作用和加强市场监督。停车管理机构应强化政策制定、规划编制、经济协调、市场监管以及公共服务等职能。具体而言，停车管理机构应协助规划主管部门编制城市停车设施规划，配合相关部门参与审核公共停车设施、建筑物配建停车设施的规划建设、路内停车泊位的施划，并督促实施；负责公益性停车设施的建设和停车市场监督管理；参与制定停车收费标准并监督执行等。停车管理机构不参加停车设施的经营，由"公司"来经营管理停车设施，管理部门只负责停车设施的审核、批准和监督管理。

三、运行管理

强化法治观念，严格依法实施停车管理。有关部门要定期对各类停车设施的使用、运行情况进行检查，特别是要对大型公共建筑的停车设施进行检查，禁止擅自改变停车设施的使用性质，对擅自改变停车设施使用性质的单位和个人，要按有关规定予以处罚，并责令其限期改正。开放市民参与空间，充分听取市民的意见；加强停车管理必要性的宣传和教育力度，扩大停车宣传教育的途径，特别是发挥新闻媒体的作用，在广大市民中树立正确停车消费观念和守法意识，达到城市停车长效管理的目的。

四、调控经营

停车设施服务收费根据设施的不同性质、不同类型，分别实行市场调节价、政府指导价、政府定价。实行政府指导价、政府定价的停车设施，应当区别不同区域、不同时间，并按照路内高于路外、地面高于地下的原则，确定停车收费标准。如重庆市，规定对政府投资的停车设施以及机场、车站、码头、旅游景点等窗口地区和路内停车收费实行政府定价,其他实行政府指导价。

停车收费是调控停车设施供需关系的重要手段。在"区域差别化"的规划理念指导下,根据城市发展现状,在考虑停车设施相关成本的基础上,体现停车设施地区、类别、使用时间上的差别,此外还需考虑停车设施建设成本与运营成本、拥挤收费及政策调节费用等,制定差别化的停车收费措施。

(1) 成本核算,鼓励投资

停车收费标准应当有利于吸引投资建设停车设施。购车只是完成了拥有车辆的一步,拥有车辆还必须包括停车成本。在今后的购车成本中,不但应包括购车本身成本,还应包括停车位的购买和日常使用的成本。日本的停车费每次最低也要超过 500 日元。美国停车产业的年收益约 260 亿美元,解决了 100 万人的就业问题。只有停车收费达到一定标准,才能吸引社会资金投资停车设施建设,才有可能使停车问题产业化解决。

(2) 保障民生,促进和谐

停车收费既要考虑经营者运营成本,也要考虑停车者的经济承受力。停车收费做得好,运营企业的积极性得到调动,市民能够承受各项交通支出,形成分层消费理念,政府也能得到资金来源从而推动公共交通的发展。

(3) 差别收费,分价调控

根据停车设施周边的用地布局、道路交通状况,综合考虑停车设施的建设成本和经营成本,制定不同区域、不同类型、不同停放时间的停车收费价格,利用经济杠杆调节停车位供需关系,促进各类停车设施得到高效利用。具体而言,要将停车收费与交通发展政策结合起来,鼓励人们多用公交出行;将停车收费与动态交通流量结合起来,交通越是拥挤的地方停车费越高,调节车流量的时空分布;将停车收费与停车设施类型结合起来,路外停车设施减少收费,占道停车增加收费,拉大价格差调节各类停车设施的利用效率。

五、科技支持

停车管理要善于利用现代科技手段,促进行业管理向信息化、智能化方向发展,逐步建立现代化管理体系。加快停车智能化、信息化建设,开发诱导、服务和管理功能,是优化停车资源配置的有效途径,也是提升城市现代化形象、衡量城市现代化管理水平的标准之一。

为充分发挥停车设施的分区、分类、分时、分价调控的作用,应合理推进停车设施的智能化。如有条件设置路内泊位的道路,建设路内停车自动计时收费系统,实现自动计时收费,提高路内停车泊位的利用率,避免长时停车;在城市中心地区,建设公共停车诱导系统,统一标志标识,扩大诱导范围;同时开发车载交通诱导设备,提高诱导效能。采用先进的停车技术装备和科学管理手段,并将技术装备水平与停车等级评价以及停车收费价格核定相结合,促进各类停车设施得到高效使用。建设公共停车电子收费系统,并推广使用手机、交通一卡通等便捷高效的停车付费方式。

后 记

在我国城市化和机动化联动发展背景下，城市停车矛盾普遍凸显，越是经济发达地区的城市，其停车问题越突出，研究和解决城市停车问题也越迫切。

在这样的背景下，城市停车设施规划受到学界和各级政府高度重视，目前已进行了较多的研究和实践，但比较普遍地缺乏系统性和不够深入。作者根据多年的工作实践，撰写了《城市停车设施规划》一书，希望能够为推动我国城市停车设施科学规划添墨增香。

停车设施规划不仅是停车设施的配置建设问题，还与城市综合交通、用地布局、土地开发等紧密联系、相互影响制约。从此系统的角度，目前尚无完整的研究成果可资借鉴。限于作者的研究时间和水平，本书旨在抛砖引玉，敬请广大读者指正。

感谢江苏省城市交通规划研究中心的刘金、杨晔、许炎等同志提供的资料和照片。

作 者
2009 年 3 月